この1冊で基本が身につく！

パソコンとWord&Excel

パソコン入門 5冊分 | 飯島弘文 著

技術評論社

JN207669

ご注意

ご購入・ご利用の前に必ずお読みください

- 本書に記載された内容は、情報の提供のみを目的としています。したがって、本書を用いた運用は、必ずお客様自身の責任と判断によって行ってください。これらの情報の運用の結果について、技術評論社および著者はいかなる責任も負いません。

- 本書記載の情報は、2025年2月1日現在のものを掲載していますので、ご利用時には、変更されている場合もあります。

- 本書はWindows11、Microsoft365版のWord・Excelを使って作成をされており、2025年2月1日現在での最新バージョンをもとにしています。

- 本書で解説を行うGoogle（Gmail、Chromeを含む）およびZOOMの機能やサービスは、2025年2月1日現在の情報をもとにしています。

- ソフトウェアはバージョンアップされる場合があり、その場合には本書の説明とは機能内容や画面がイメージが異なることがあります。

- 本書の内容は一般的なパソコン環境で動作確認を行っております。ご利用のパソコン特有の環境によって本書で解説された動作が行えない場合があります。

　以上をご承諾いただいた上で、本書をご利用願います。これらの注意事項をお読みいただかずに、お問い合わせいただいても、技術評論社および著者は対処しかねます。あらかじめ、ご承知おきください。

本書に記載されている会社名又は製品名などは、それぞれ各社の商標又は登録商標又は商品名です。
なお、本書では、TM及び©を明記していません。

はじめに

　パソコンというものが登場して、それなりに長い月日が経過しました。最近では、スマホがあればパソコンはいらない、という人も増えています。

　しかし、少なくとも仕事に使う道具としては、まだまだパソコンは健在です。パソコンが使いこなせないと、仕事になりません。

　本書は、パソコンの基本操作から Word や Excel の使い方まで、さらにメールの使い方やリモートワークで必要な Web 会議の方法など、パソコンの活用法を幅広く解説しています。いろいろな解説書を何冊も買い集めなくても、「とりあえずこの本 1 冊で OK！」というのが本書です。

　とはいっても、一度に何百ページも読むのはたいへんな負担です。そこで本書は、内容的に次のような 5 冊に分け、「5 冊分で 1 冊」という形にまとめてあります。「1 冊」のボリュームは少ないので、読むのも楽だと思います。

Windows 入門	未経験者 OK なパソコン入門
インターネット + メール入門	基礎知識から Web メールの使い方
オンラインミーティング入門	パソコンでの Web ミーティング
Word 入門	仕事でも趣味でも使うワープロ
Excel 入門	使えないと就職に影響も…

　最近は、スマホは活用しているけれどもパソコンはよくわからない、という人も増えています。本書では、日本語入力などの基本操作からパソコン用語まで、詳しく解説しています。「いまさら人に聞けないパソコン入門」としても、本書は役に立つでしょう。

2025 年 1 月

飯島弘文

目次

1冊目 | Windows入門

Chapter 01. パソコンの基礎知識を身につける！

- 1-1 いろいろな形のパソコン 10
- 1-2 パソコンの基本性能は「CPU」と「メモリ」 12
- 1-3 その他のハードウェア 14
- 1-4 パソコンを動かす「ソフトウエア」 16
- 1-5 マウスの基礎知識と操作のコツ 18
- 1-6 キーボードの基礎知識と操作のコツ 20
- 1-7 パソコンを安全に使うための基礎知識 22
- 1-8 パソコンを長く使うための基礎知識 23

Chapter 02. Windowsの操作を身につける！

- 2-1 正しい「起動」と「終了」 24
  Windowsの起動 24／Windowsの終了 26
- 2-2 デスクトップ画面各部の名称と機能 27
  操作の基本はデスクトップ 27／デスクトップ各部の名称と機能 30
- 2-3 基本は「ウィンドウ」 32
  「ウィンドウ」をいくつも使うからウィンドウズ 32／ウィンドウの基本的な構成 32
- 2-4 フリーサイズ状態のウィンドウ操作 36
- 2-5 「ファイル」とは 38
  ファイルのアイコン 38／ファイルの名称 38／ファイルの表示形式 39
- 2-6 「保存場所」が重要 40
  自分で決める保存場所 40／どこに保存するかが問題 41
- 2-7 「エクスプローラー」とは 42
  ファイル管理用のソフト「エクスプローラー」 42／エクスプローラーの使い方 43
- 2-8 ファイルのコピーや移動 44
  ドラッグしてコピーや移動をする方法 44／ドラッグとキーを併用してコピーや移動をする方法 45／右ボタンでドラッグしてコピーや移動をする方法 45

2-9 ファイル管理に必要な知識 46

フォルダの作成 46 ／フォルダの名前の変更や削除 47

Chapter 03. 日本語入力を身につける！

3-1 日本語入力の基礎知識 48

「日本語変換」機能 48 ／ローマ字入力とかな入力 49

3-2 ひとつのキーに書かれた文字や記号 50

キーの表記 50 ／特殊な扱いをするキー 51

3-3 メモ帳で基本の「変換」を練習 52

メモ帳の起動 52 ／日本語入力の基本 54

3-4 変換候補がたくさんある場合の操作 56

3-5 文字の挿入や削除 58

3-6 ちょっと長い文章の変換 59

3-7 文章の区切り位置の変更 61

3-8 便利な変換機能 63

2冊目 | インターネット＋メール入門

Chapter 04. インターネットの操作を身につける！

4-1 インターネットの基礎知識 66

インターネットは全世界ネットワーク 66 ／インターネットの「アドレス」 66 ／家庭用のインターネット通信回線 68 ／Wi-Fiの種類と通信速度 69 ／「検索」サービスの仕組み 70 ／いろいろなウイルスやネット詐欺 71 ／ウイルスや不正アクセスから身を守る対策 72 ／フリー Wi-Fiを安全に使うならVPN 73

4-2 ブラウザ（Chrome）の操作 74

「ブラウザ」とは 74 ／Chromeの起動と終了 75 ／Chromeのウィンドウの基本操作 77 ／リンクのたどり方 78 ／「タブ」の使い方 80 ／キーワード検索のコツ 81 ／「お気に入り」に登録 83 ／履歴機能の使い方 85 ／履歴をまったく残さないシークレットウィンドウ 86 ／「ホーム」の設定 88 ／Googleのいろいろなサービス 90 ／SNSで情報発信 92

Chapter 05. メールの操作を身につける！

5-1 メールの基礎知識 93

メールとは 93 ／メールアドレスとは 94 ／メールの仕組み 96 ／メールソフトとWebメール 97

5-2 メールソフト（Gmail）の基本操作 98

Gmailの起動 98 ／Gmailの基本画面 99 ／メールの作成と送信 100 ／受信メールの確認 102 ／受信トレイの表示レイアウトの変更 103 ／受信メールへの「返信」 104 ／受信メールの「転送」 106 ／メールの検索 108 ／メールの削除 108 ／添付ファイルの扱い方

110／下書きメールの処理 113／サービスの「メール容量」114

5-3 メールソフト（Gmail）の活用操作 115

複数人に同時にメールを送信 115／メール本文への書式設定 117／「署名」の設定 118
／アーカイブでメールを保存 121／ラベル機能の活用 123／迷惑メールの削除 127／添付
ファイルの圧縮 128／添付されてきた圧縮ファイルの扱い方 130

3冊目 ｜ オンラインミーティング入門

Chapter 06. オンラインミーティングの操作を身につける！

6-1 オンラインミーティングの基礎知識と準備 132

Web会議サービスとは 132／ZOOMの基礎知識 133／アカウントの取得方法 134／
ZOOMアプリのインストール 136／テストサイトで環境をチェック 138

6-2 ZOOMによるオンラインミーティング 140

ミーティングの主催 140／参加者をミーティングに招待 142／招待に応じてミーティングに参
加 143／ミーティングでの発言 145／ミーティングからの退出 146

6-3 ZOOMの便利な機能 147

日時を指定したミーティングの主催 147／ミーティング予約の関連知識 148／背景やアバター
の設定 150／参加者のマイクのオンとオフの切り替え 153／リアクションの送信 154／チャッ
ト機能の利用 157／参加者と画面の共有 159／ミーティングの録画 162／ZOOM画面の
表示方法の設定 165／プロフィールの編集 168

4冊目 ｜ Word入門

Chapter 07. Wordの基本操作を身につける！

7-1 Wordの基本操作 170

Wordとは 170／Wordの起動と終了 171／Wordの画面構成 173／いろいろな機能は
「リボン」から操作 174／作った文書の印刷 176／作った文書の保存 176／2回目から
は「上書き保存」178／保存した文書を開く 179

7-2 入力や編集の操作 180

文章の入力 180／編集記号の表示 181／「改行」と「段落」182／入力した文章の
修正 184／「範囲選択」の3つの方法 185／文章の一部の移動やコピー 187／文字に
「書式」を設定 188／よく使う記号の入力方法 189

7-3 作りながら覚える文書作成 190

作成する文書 190／用紙や余白の設定 191／記入した文字の位置揃え 193／書体と文
字サイズの設定 195／改行後に書式をクリア 197／頭語と結語の自動表示 199／あいさ
つ文の作成補助機能 199／用紙幅より長い文章 201／箇条書き部分の作成 202／「均
等割り付け」の設定 204／行間隔の設定 206／全体の体裁の調整 207

7-4 これだけは覚えたい実用テクニック　208

プロポーショナルフォントの話 208 ／ Tabキーで間をあけるテクニック 210 ／ タブとタブマーカーで自由に位置を設定 211 ／「左インデント」の設定 214 ／ 行間隔を細かく調整 215 ／ 文字や背景に色を設定 216 ／ ワードアートで文字を加工 218 ／ ふりがなの表示 221 ／ ページ番号の設定 223 ／ ページ罫線の設定 224 ／ 文書全体へのテーマの適用 226

Chapter 08. Wordの活用テクニックを身につける！

8-1 表作成の操作　228

表の作成 228 ／ 表の範囲を選択 230 ／ 行や列の挿入と削除 232 ／ 列幅と行の高さの変更 233 ／ セル内の文字の配置の調整 236 ／ セルの塗りつぶし 237 ／ 表の罫線の種類を変更 238 ／ セルの結合と分割 240

8-2 図形の操作　242

図形の描画 242 ／ 位置やサイズの調整 243 ／ 一度描いた図形の種類を変更 244 ／ 色や模様の設定 245 ／ 図形に対するいろいろな効果 247 ／ 図形の「重なり」順 248 ／ 図形の中に文字を入力 250 ／ テキストボックスも図形 251

8-3 画像の操作　252

画像の挿入元 252 ／［このデバイス］から読み込む 254 ／ 画像サイズの変更 255 ／ 画像の移動に関するテクニック 256 ／ 画像のスタイルの設定 258 ／ 画像のトリミング 258 ／ 明るさやコントラストの調整 262

8-4 SmartArtグラフィックの操作　263

SmartArtの挿入 263 ／ SmartArtへの文字の入力 264 ／ 項目数の増減 265 ／ 文字の書式設定 267 ／ 色やスタイルの設定 267 ／ レイアウトの種類の変更 269 ／ サイズの調整 269 ／「文字列の折り返し」と移動 270 ／ SmartArtの設定のリセット 271 ／ 画像付きのSmartArt 272

5冊目 Excel入門

Chapter 09. Excelの基本操作を身につける！

9-1 Excelの概要　274

Excelは何をするソフト？ 274 ／ Excelの起動と終了 275 ／ Excelの基本は大きな集計用紙 278 ／ シートは1枚とは限らない!? 279 ／「セル位置」はアルファベットと行番号の組み合わせ 280 ／「リボン」の操作方法 281

9-2 表を「作る／使う」の基本操作　283

操作の基本はセルの選択 283 ／ 文字や数値の入力 284 ／ セル幅より長い文字列 285 ／ セルの内容の修正 286 ／ 最低限覚えておきたいセル範囲の選択方法 287 ／ 行や列の挿入や削除 289 ／ 行や列の幅や高さの調整 291 ／ 文字の体裁の調整 293 ／ 数値の体裁の調整 294 ／ セルの背景や文字の塗りつぶし 297 ／ 罫線で表の体裁の調整 298 ／「オートフィル」で作る連続データ 301 ／ 一連の番号を入力 303 ／ 大きな表を扱うために覚えておきたい機能 304

目次　7

9-3 シートの操作　　306
シートの追加 306 ／シートの削除 307 ／シート名の変更 308 ／シート見出しの色の変更 309 ／シートの並び順の変更 311 ／シートの複製 311 ／複数シートの選択 312

9-4 計算式の基礎知識　　314
セルの値を利用した計算式の作成 314 ／計算式のわかりやすい入力方法 316 ／計算に使う記号と計算の優先順位 317 ／文字で書かれた「計算式」をExcelの式にするコツ 319 ／計算式はオートフィルでコピー 320 ／コピーすると計算式が変化?! 322 ／コピーしても変化しない計算式 323 ／計算しない「単純参照」の式 326 ／計算式なしでかんたん集計 327

9-5 印刷と保存　　328
用紙サイズや余白の設定 328 ／印刷画面で仕上がりをチェック 330 ／印刷対象の指定 333 ／大きな表は縮小印刷 334 ／名前を付けて保存は「場所」に注意 336 ／作業中はときどき「上書き保存」 338 ／自動的に表示される保存メッセージ 339 ／保存してあるブックを開く方法 341 ／覚えておきたい保存トラブルの対策機能 342

Chapter 10. Excelの活用テクニックを身につける！

10-1 関数の操作　　344
関数は難しい? 344 ／関数の基本形 345 ／合計を計算するSUM関数 346 ／自動設定される計算範囲についての注意点 348 ／SUM関数と同じ使い方の集計関数 349 ／関数の入力方法は大きく分けて3種類 351 ／［fx］（関数の挿入）ボタンで関数を入力 353 ／関数を直接入力 356 ／集計関数の便利な入力法 359 ／上級の入り口はIF関数 360

10-2 グラフの操作　　364
円グラフの作成 364 ／グラフタイトルの変更 366 ／凡例の位置の変更 367 ／グラフのサイズ変更 368 ／グラフの位置変更 368 ／グラフの色の変更 369 ／グラフスタイルの変更 370 ／グラフシートに移動 371 ／グラフの種類の変更 372 ／折れ線グラフの作成 373 ／縦横の入れ替えと「データ系列」 374 ／細かい設定は作業ウィンドウ 375 ／画面にない要素の追加はリボンの［グラフ要素の追加］ 378

10-3 データベースの操作　　379
「データベース」とは 379 ／データの並べ替え 381 ／複数条件の並べ替え 383 ／フィルターモードの設定 385 ／データの抽出 386 ／さらに条件を追加して絞り込み 388 ／結果を別シートに抽出 389 ／すべてクリアとフィルターの終了 391 ／ピボットテーブルで超簡単分類集計 391

1冊目

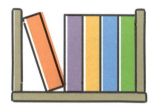

Windows入門

Chapter 01.
パソコンの基礎知識を身につける！

Chapter 02.
Windowsの操作を身につける！

Chapter 03.
日本語入力を身につける！

Chapter 01.

パソコンの基礎知識を身につける！

1-1 | いろいろな形のパソコン

　パソコンを大まかな形で分類すると、場所を固定して使う「**デスクトップ型**」や「**タワー型**」、移動可能な「**ノート型**」、手軽に持ち歩ける「**タブレット型**」などの種類があります。スマートフォンも機能的にはパソコンなので、「**手のひら型**」パソコンともいえます。

　これらのうち、デスクトップ型やタワー型は拡張性が高いので、人工知能関係や本格的ゲームなど、特に高性能が求められるパソコンに向いています。

　一般的に広く使われているのはノート型で、ビジネスからプライベートまで、さまざまな用途に適したものがあります。

　一般的に会社の備品として使われているようなビジネス系のノートパソコンは、机の上からあまり移動しないことが多いので、重くて大きい代わりに、比較的安価なものが多いようです。携帯性を重視するのであれば、カバンに入れて持ち歩くのに適した、超薄型の軽量ノートパソコンもありますが、高価なものになります。

　どのようなパソコンを選ぶかは、予算や用途、あるいは単純に好みの問題です。この後の項目で解説するようなポイントを押さえつつ、自分の使い方や好みに合ったパソコンを探してみてください。

MEMO スマートフォンはパソコン？
スマートフォンは「通話機能が付いたパソコン」です。以前の携帯電話は電話機の延長で「無線電話」ですが、スマートフォンになって仕組みが根本的に変わりました。パソコンですので、基本ソフトの違いといった問題やウイルスなどのセキュリティ対策も必要になります。

Chapter 01. パソコンの基礎知識を身につける！　11

Chapter 01.

パソコンの基礎知識を身につける！

1-2 | パソコンの基本性能は「CPU」と「メモリ」

パソコンの広告やカタログなどを見ていると、「CPU（シー・ピー・ユー）」や「メモリ」など、パソコン内部の部品に関する用語が出てきます。本格的な専門知識は必要ありませんが、ポイントになる要素だけでも理解しておくと、パソコン選びがしやすくなります。

パソコンの性能を左右する最も大きな要素（部品）は、次の2つです。

> **CPU** … パソコンの頭脳（高性能なほど快適）
> **メモリ** … CPUが作業するための場所（広いほうが快適）

CPUはCentral Processing Unitの略で、日本語では「中央処理装置」と呼ばれます。その名の通り、すべてのデータはCPUが処理するので、この部品でパソコンの性能が決まるといっていいでしょう。

たとえば、一般的な事務処理やインターネットを使う程度なら、ほとんどどんなパソコンでも問題ありません。パソコンにとって負担の少ない作業なので、今どきのパソコンなら、安価なクラスのCPUでも対応できるからです。

しかし、パソコンに負荷が大きくかかる高度なデータ処理が必要な用途では、CPUが非力なパソコンだと処理が遅くなってしまいます。また、一度に大量のデータを扱うような作業では、メモリが少ないと作業スペース不足で効率が低下し、処理が遅くなります。

なお、CPUは高性能なほどいいのですが、メモリは多いほどいいわけではありません。無駄に作業スペースが広くても、スペースが余るだけで、処理が速くなることはないわけです。

12 1冊目 Windows入門

POINT 使用しているパソコンのスペックを確認する方法

自分のパソコンで使われているCPUやメモリを確認したい場合は、［スタート］ボタをクリックしてスタートメニューを表示し、そこから［設定］アイコンをクリックしてください。表示された画面の左側で［システム］をクリックしてから、右側の表示をスクロールして、一番下にある［バージョン情報］をクリックするとCPUやメモリの情報が表示されます。

Chapter 01.

パソコンの基礎知識を身につける！

1-3 | その他の ハードウェア

　CPUやメモリ以外にも、パソコンを構成する部品はたくさんあります。自分で
パソコンを選ぶ際、特にポイントになるのは次のようなものです。

HDD/SSD … HDDはエイチ・ディー・ディーと読み、**ハードディスクドライブ**のこと、SSDはエス・エス・ディーと読み、**ソリッドステートドライブ**のことで、パソコンに内蔵されたソフトやデータを保存する場所。

CD/DVD装置 … CD-ROM、DVD-ROMからデータを読み込んだり、CD-ROM、DVD-ROMにデータを書き込んだりする装置。最近のノートパソコンにはないものが多い。

画面サイズ … 単位は**インチ**で表す。デスクトップ型のパソコンであれば20から24インチ程度、ノートパソコンであれば13から15インチ程度が一般的。

USBコネクタ … 周辺機器やデータ保存用のUSBメモリをパソコン本体と接続するための差し込み口。大きくて四角い「**タイプA**」と平たい楕円の「**タイプC**」がある。USB規格はバージョン番号が3以降が望ましい。

Wi-Fiの方式 … Wi-Fiとは無線通信規格のことでワイファイと読み、Wireless Fidelityの略。規格にはWi-Fi4 〜 Wi-Fi7があるが、Wi-Fi4は古いので少なくともWi-Fi5以降が望ましい。

14　**1冊目** Windows入門

これらのうち、HDDとSSDというのは、同じ目的の装置です。いろいろなソフトをインストールしたり、作った文書などを保存しておくための保管場所で、パソコンに内蔵された倉庫と考えてください。「ストレージ」と呼ばれることもあります。もともとHDDが使われていたのですが、HDDはモーターで回転させた金属円盤に情報を記録する方式なので、どうしても重く、バッテリ消費も多くなります。そこで最近では、USBメモリのような電源がなくても情報が消えないメモリを使い、疑似的なHDDとして使えるようにした、SSDが急速に普及しています。

　HDD/SSDやCD/DVD装置などは、外付けにすることも可能です。その場合はUSB接続にすることが多いので、そのパソコンが対応しているUSBの規格や、コネクタ数（パソコンについている差し込み口の数）なども見ておくほうがいいでしょう。

これらが
パソコンを選ぶときに
チェックする項目！

> **POINT**
>
>
>
> ### 「ギガ」「テラ」などの単位
>
> メモリの量や、HDD（ハードディスクドライブ）やSSD（ソリッドステートドライブ）などの記憶容量を検討する際、そのサイズをギガバイトといった単位で表します。
> コンピュータでは、アルファベットや数字1文字のデータ量を「1バイト」と呼び、それに「キロ」「メガ」などの補助単位を付けて表します。補助単位は1,000倍ごとに決まっていて、次のようになっています。たとえば500GBは、0.5TBと表してもいいわけです。
>
> 1,000バイト　→　1KB（キロバイト）　1,000MB　→　1GB（ギガバイト）
> 1,000KB　　　→　1MB（メガバイト）　1,000GB　→　1TB（テラバイト）

Chapter 01.

パソコンの基礎知識を身につける！

1-4 | パソコンを動かす 「ソフトウェア」

　本書で解説している「Windows」というのは、「**基本ソフト**」と呼ばれています。正確にいうと、基本ソフトというのは分類の名称で、Windowsというのが商品名です。基本ソフトはいろいろな会社が作っていて、主なものとしては、次のような種類があります。

商品名	読み方	会社名	使用しているパソコン
Windows	ウィンドウズ	マイクロソフト	自社の「Microsoft Surface」のほか各社多数 Windowsパソコンと呼ばれる
MacOS	マック オーエス	アップル	自社のMac専用で外販せず
ChromeOS	クローム オーエス	グーグル	自社の「Google Pixelbook」のほか各社多数 Chrome Bookと呼ばれる
iOS	アイ オーエス	アップル	自社のiPhone専用で外販せず
Android	アンドロイド	グーグル	自社の「Google Pixel」のほか各社多数 Androidスマホと呼ばれる

　こうした「基本ソフト」は、ソフトウェア、つまりコンピュータを動かすプログラムです。何が「基本」かというと、パソコンの電源を入れたときに機器のチェックをして使えるように準備したり、キーボードやマウス、あるいはタッチパネルなどが操作されたらすぐに対応するように待機していたり、あるいはUSBメモリの読み書きやインターネットとの通信など、とにかくパソコンを使ううえで必要になるいろいろな「裏方」の作業をやってくれるソフト、というのが基本ソフトです。基本ソフトが機械としてのパソコン（ハードウエア）を管理しているので、どんなコンピュータも、基本ソフトがないと電源を入れても動きません。だから「基本」なのです。

16　1冊目 Windows入門

基本ソフトに対して、Wordのような文書作成ソフト、Excelのような表計算ソフトなどは、「実用ソフト」とか「応用ソフト」と呼ばれます。スマートフォンの普及に伴って広まった「アプリ」という言葉は、アプリケーションソフト（＝応用ソフト）の略です。

　実際にパソコンで作業をするのは、このアプリケーションソフト（以下「アプリ」）です。アプリは、基本ソフトからいろいろな機能の提供を受ける前提で、作ってあります。たとえばインターネットを使う際には基本ソフトの通信機能を利用し、文書を印刷する際には基本ソフトの印刷機能を利用しているのです。

　なお、基本ソフトのことを、「OS（オー・エス）」ということがあります。先ほど紹介した基本ソフトの種類で「MacOS」「ChromeOS」「iOS」と商品名についている「OS」はこのことです。

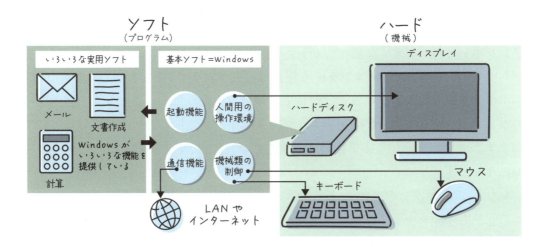

MEMO　アプリは各基本ソフト専用

基本ソフトには統一規格があるわけではなく、各社が独自に作っています。作った会社が違えば、いろいろな機能を提供する仕組みも異なります。そのため、いろいろなアプリは、特定の基本ソフトを前提に作られています。Windows 用の Excel は Mac や iPhone では使えないし、iPhone 用のアプリは Android スマホでは使えません。

Chapter 01.

パソコンの基礎知識を身につける！

1-5 マウスの基礎知識と操作のコツ

　手元でマウスを動かすと、画面の**マウスポインタ**（**マウスカーソル**とも呼ぶ）が連動して移動します。手元を見る必要はなく、画面だけ見て感覚的に操作するのがコツです。マウスでメニューやアイコンを操作し、いろいろな機能を使うのがパソコン操作の基本です。

　Windowsパソコンでは、マウスに2つのボタンがあります。通常使うのは左側のボタンで、まず操作を行う対象を画面上でマウスポインタで指したら、左側のボタンをポンと押してすぐに離すのが「**クリック**」、2回続けてポンポンと押すのが「**ダブルクリック**」です。右ボタンを使う場合は、「**右クリック**」というようにいいます。

　ボタンをすぐに離すクリックに対して、ボタンを押したままでマウスを移動するのが「**ドラッグ**」です。範囲選択や、マウスポインタで指した対象の移動などに使います。ボタンを押したまま移動する操作が、「持ったまま移動する」といった感覚になります。

　マウスには、ボタンのほかに、指先で回転させる「**ホイール**」もあります。ホイールの回転で画面を上下に移動（**スクロール**）させるとか、アプリによってはホイールで画面を拡大や縮小できるものもあります。どのような機能を使えるかは、使っているアプリの機能次第です。

　なお、ノートパソコンでは、**タッチパッド**といって、キーボード手前に小さなタッチパネルがあります。ここを指先で操作することで、マウスがなくてもパソコンを操作することができます。

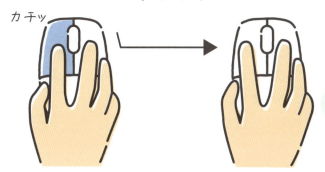

POINT

ビジネスユーザーにお勧めのマウスの持ち方

マウスを使う際は、しっかり「握る」と、使いにくくなります。机の上にマウスを置いて、ふわっと包み込むように上から手をかぶせる、というイメージです。マウスを机から持ち上げることはほとんどないので、握らずに手をかぶせた状態で、そのまま手首で左右に滑らせて使います。なお、マウスを使う際に肘が上がっていると、腕の重さが肩にかかってしまい、長時間使うとすごく疲れます。手首から肘まで机に置いてしまい、手先だけでマウスを操作すれば、かなり疲労を軽減できます。

Chapter 01. パソコンの基礎知識を身につける！　19

Chapter 01.

パソコンの基礎知識を身につける！

1-6 キーボードの基礎知識と操作のコツ

　パソコンにキーボードは不可欠ですが、「あいう」や「ABC」のほかにもいろいろなキーが並んでいて、慣れないと結構わかりにくいと思います。具体的な使い方はChapter3で解説しますが、ここではキーボードの全体的な構成を見ておきましょう。

　パソコン用のキーボードは、中央部に、基本になるひらがなやアルファベットの文字キーが並んでいます。その上側にある F1 ～ F12 のキーを「**ファンクションキー**」といい、使用するソフトによって特別な機能が割り当てられています。

　ファンクションキーの右側には、 Home や Delete などの「**特殊キー**」や、上下左右の「**方向キー**」などがあります。そしてさらに右側には、電卓のように数字が並んだ「**テンキー**」と呼ばれる部分があります。

　また、文字キー部分をよく見ると、左右と下側の端には、 Tab Shift 変換 Enter といった、文字入力を補助する特殊キーが並んでいます。

　もうひとつ、右側にある大きな Enter （エンター）キーは、文字の入力や改行、日本語変換の「確定」など、入力関係のいろいろな場面で使う重要なキーです。

Esc は万能「中止」キー

キーボードの左上にある Esc （エスケープ）キーは、いろいろな場面で、現在やっている操作を途中でやめる、という「中止」キーとして働きます。ドラッグを途中でやめたり、日本語入力を途中でやめたり、あるいはExcelでコピーモードを終了するなど、とにかくWindowsのあらゆる場面で、進行中の処理や操作を「中止」するという働きをするキーです。覚えてくと便利です。

ノートパソコンのキーボードは小型化する必要があるため、通常はテンキーがありません。テンキーが必要な場合は、市販されているUSB接続の追加用テンキーを利用してください。

　また、特殊キーや方向キーを文字キー部分の隅に押し込んで配置したり、あまり使わないキーをほかのキーと兼用にする、といった工夫をしてあります。その関係で、主に右端の一部のキーは、メーカーによって配置が違うこともあります。

図1-6-1　日本語キーボード（フルキーボード）の配置

図1-6-2　ノートパソコンのキーボードの配置

Chapter 01.

パソコンの基礎知識を身につける！

1-7 パソコンを安全に使うための基礎知識

　Windowsを安全に使い続けるためには、Windowsの不具合などを自動更新する**Windows Update**（ウィンドウズアップデート）を有効にしておきましょう。
　Windows Updateは、基本ソフトの問題点の修正や新たに追加された機能の追加、ウィルスやスパイウェアの侵入の原因となる弱点の修正など、最新の状態で安全にWindowsを利用するために必要な機能です。
　Windows Updateを自動更新にする設定は、まず［スタート］ボタンをクリックしてスタートメニューを表示し（26ページ図2-1-3参照）、そこから［設定］アイコンをクリックしてください。表示された図1-7-1のような画面の左側で［Windows Update］をクリックしてから、右側にある［利用可能になったらすぐに最新の更新プログラムを入手する］を「オン」にします。

図 1-7-1　Windows Update の設定画面

1冊目　Windows入門

パソコンの基礎知識を身につける！

1-8 パソコンを長く使うための基礎知識

　パソコンは精密機械ですから、強い衝撃は厳禁です。調子が悪くなったからといって、叩いたりしてはいけません。もちろん、机から落としたら壊れますし、ノート型やタブレットなどでは、車などの強い振動で壊れる危険もあります。持ち歩くときはクッションのきいたケースを使いましょう。

　さらに、パソコンは電気で動くものですから、水は苦手です。お茶をこぼして濡らしたなどというのは論外として、極端に湿度が高い場所も避けてください。

　パソコンの中は、場所によっては1ミリに何本も配線してあるような細かい電気回路があるので、湿気だけでなく、ほこりも大敵です。ほこりを吸いこまないように周りをきれいにしておくとか、ノート型パソコンはほこりの多い場所では使わないようにする、といった配慮も必要です。

　ほこり対策としては、ときどきでいいので、キーボードや側面背面などのコネクタ部分を、掃除機で吸ってください。その際、プラスチックのノズルが直接当たるとキーを壊したりするので、必ず毛足の長いブラシを装着しましょう。

　なお、ノート型パソコンやタブレットには大きな液晶画面があるので、上に重いものを載せてはいけません。画面に傷が付いたり、場合によってはひびが入ってしまう危険もあります。

Windowsの操作を身につける！

2-1 正しい「起動」と「終了」

Windowsの起動

　パソコンの電源を入れると、図2-1-1のような ロック画面 でいったん止まります。ここで画面をクリックするか Enter キーを押すと、図2-1-2のような、ユーザー名やパスワードの入力欄が表示されます。

　個人のパソコンでは、たいてい図2-1-2のようにユーザー名が表示されているので、自分が設定したパスワード、あるいは「PIN（ピン）コード」と呼ばれる4桁程度の暗証番号を入力します。

図 2-1-1　ロック画面

会社のパソコンなどでは、図2-1-2で、ユーザー名とパスワードの両方を入力する場合もあります。その際、ユーザー名やパスワードは、当然、会社から配布されたものを使うわけです。

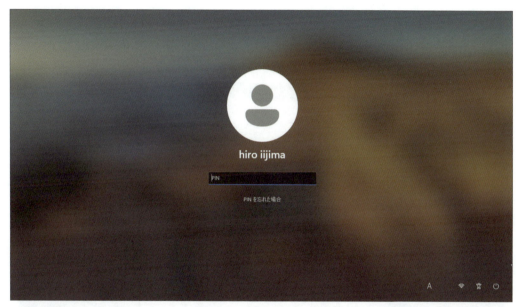

図 2-1-2　サインインの画面

　なお、パソコンのユーザーはユーザー名とパスワードで管理されていて、この管理情報を「アカウント」と呼びます。通常は、ユーザー名とパスワードをセットにしたものがアカウント、と考えていいでしょう。また、アカウントを入力してパソコンを使えるようにする操作を、「サインイン」「ログイン」「ログオン」などと呼びます。
　以上のような操作でパソコンにサインインすると、Windowsの「デスクトップ」が表示されます。これで、パソコンを使える状態になりました。
　ただし、前回パソコンを使っていた際の電源の切り方によっては、スリープ機能といって、電源を入れただけで前回の画面が出てくることもあります。その場合は、そのまま使えばいいわけです。

Windowsの終了

　パソコンを起動するときは**電源ボタン**を使いますが、終了するときには使いません。必ず画面下側にある［スタート］ボタンをクリックし、表示されたスタートメニュー右下の電源アイコンをクリックして、表示されたメニューから［シャットダウン］を選んでください。

❶［スタート］ボタンをクリックすると…
❷スタートメニューが出る
❸［電源］アイコンをクリックして…
❹［シャットダウン］をクリックして終了

図 2-1-3　Windowsのスタートメニュー

非常用ショートカットキー
何らかのトラブルで［スタート］ボタンを操作できない場合、Ctrl キーと Alt キーという2つのキーを押さえたまま、Delete キーをポンと押してみてください。黒い画面に切り替わり、画面右下の電源アイコンからWindowsのシャットダウンや再起動ができます。

Windowsの操作を身につける！

2-2 デスクトップ画面各部の名称と機能

操作の基本はデスクトップ

　パソコンにサインインすると、次ページの図2-2-1のような画面になります。この画面を「デスクトップ」といい、Windowsを使う際の基本になる画面です。

　このデスクトップのどこに何があるか、位置と名称を覚えておきましょう。デスクトップ画面の各部の名称については次ページで確認し、その機能については、30ページの解説を参照してください。

　デスクトップが表示できれば、そこに見えているWordやExcelなどのアイコンからソフトを起動することができます。デスクトップにあるアイコンは、ダブルクリックして使います。タスクバーにあるアイコンは、1回クリックするだけです。

　使いたいソフトのアイコンがデスクトップにない場合は、前項の図2-1-3のように［スタート］ボタンをクリックしてスタートメニューを出し、右上にある［すべて］をクリックしてください。そのパソコンに入っているすべてのソフトが、ABC順やあいうえお順に並んでいます。

MEMO　**デスクトップの背景画像の変更**

デスクトップ上で右クリックし、表示されたショートカットメニューから［個人用設定］をクリックすると［設定］画面が表示されます。その画面の［背景］をクリックすれば画像を変更することができます。

エクスプローラーの使い方を覚えたら（42ページ参照）、画像ファイルを右クリックすれば、［デスクトップの背景に設定］があります。

Chapter 02.

1冊目 Windows入門

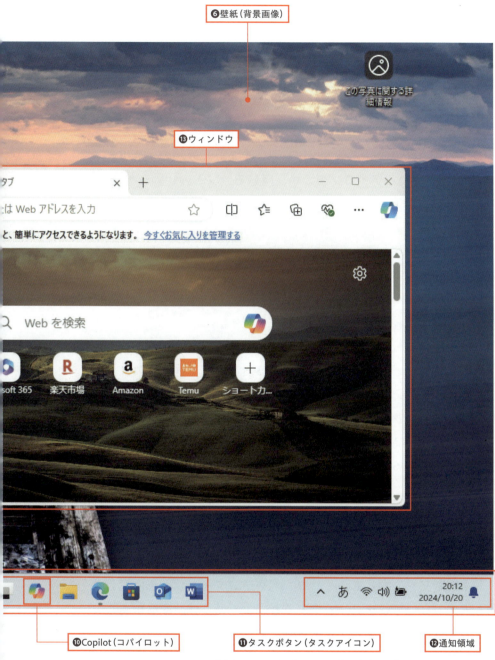

図 2-2-1　Windows のデスクトップ画面

Chapter 02.　Windowsの操作を身につける！　29

デスクトップ各部の名称と機能

　前ページの図2-2-1でデスクトップ画面の各部の名称について確認しました。ここでは、各部の機能について紹介します。

❶ **アイコン（デスクトップアイコン）**
　こうした絵記号を総称して「アイコン」と呼びます。ごみ箱のようにWindowsが管理しているアイコンのほか、自分でソフトの起動アイコンなどを作ることもできます。

❷ **ごみ箱**
　ファイルを間違えて削除しても復活できるように、一時的に保存している場所です。

❸ **ファイル**
　写真、音楽、文書など、自分で保存したデータです。

❹ **フォルダ**
　ファイルやアイコンなどをを整理して保存するために作る保管箱のようなものです。

❺ **ショートカットアイコン**
　ソフトを起動したり、特定の場所を開いて見るためのアイコンです。アイコンの左下についている矢印が特徴です。

❻ **壁紙（背景画像）**
　デスクトップの背景画像です。自分で用意した写真も使えますし、一定時間で自動的に切り替わるようにもできます。

❼ **検索ボックス**
　キーワードや質問文を入力して、パソコン内やインターネットを検索できます。何も入力しないで🔍をクリックすると、よく使う場所や最新情報などが表示された「検索ホーム」が表示されます。

❽ **タスクバー**
　タスクボタンなどが並ぶ画面1番下の範囲です。

❾ [スタート]ボタン

クリックするとスタートメニューを表示します。

❿ Copilot（コパイロット）

最新AIによるアシスタント機能です。普通の文章による質問などに対応できます。

⓫ タスクボタン（タスクアイコン）

クリックしてソフトを起動するほか、開いてあるウィンドウの切り替えにも使います。

⓬ 通知領域

Windowsからのメッセージや、補助的な機能などのアイコンを表示します。

⓭ ウィンドウ

ひとつのソフトごとに、「ウィンドウ」と呼ばれる表示領域がひとつ作られます。Windowsの各種設定なども、ウィンドウで表示されます。

⓮ マウスポインタ

マウス操作に合わせて画面上で移動し、操作対象を指示するために使います。状況によって形が変化し、マウスポインタの形がさまざまな意味を持ちます。

POINT

デスクトップとパソコンのセキュリティ

パソコンのデスクトップが表示されたまま、近くに誰もいなかったとします。あなたがそこに通りかかったら、そのパソコンのデータは盗み放題です。パソコンのセキュリティは、基本的には、起動時に入力するユーザー名とパスワードで守られています。そこを通過してデスクトップが表示されていたら、あとは誰でも勝手に使えてしまうのです。

安全に席を離れるためには、⊞キーを押さえたまま、Lのキーをポンと押してください。画面が25ページの図2-1-2のようなサインイン画面になり、パスワード（PINコード）を入力しないとデスクトップに戻れなくなります。こうしてサインインの画面にした場合、パスワードを入れてデスクトップに戻れば、やりかけの作業はすべてそのままの状態になっています。すぐに作業を再開できるわけです。

Chapter 02.

Windowsの操作を身につける！

2-3 | 基本は「ウィンドウ」

 「ウィンドウ」をいくつも使うからウィンドウズ

　パソコンでは、ワープロや表計算など、いろいろなソフトを使って作業します。そうしたソフトは、タスクバーなどから呼び出すと、「ウィンドウ」という形で表示されます。ウィンドウを閉じると、そのソフトを終了したことになります。

　ウィンドウは一度に複数開くことができますが、画面サイズは限られているので、ウィンドウどうしが重なることもあります。あるいは「最大化」といって、ひとつのウィンドウが全画面サイズになり、ほかのウィンドウを隠してしまうこともあります。

　ウィンドウが複数ある場合、重なり順が一番上になっているウィンドウが、使用中のウィンドウ（アクティブウィンドウ）です。34ページの図2-3-1の例のように重なったウィンドウが見えている場合は、ウィンドウをクリックすると、そのウィンドウが一番上になります。完全に裏に隠れて見えなくなっているウィンドウを使いたい場合は、使いたいウィンドウに対応する、タスクバーのアイコンをクリックしてください。

 ウィンドウの基本的な構成

　ウィンドウの構成（デザイン）は、表示するものによって多少異なりますが、基本的な形は34ページの図2-3-1のように構成されています。

　まずは、ウィンドウを構成する各部の名称、機能について紹介します。

1冊目　Windows入門

❶ ［閉じる］ボタン

表示されているソフトや設定画面を終了し、ウィンドウを閉じます。

❷ ［最大化］ボタン

ウィンドウが全画面サイズになり、他のウィンドウは裏に隠れて見えなくなります。最大化している間は、フリーサイズの状態に切り替える［元に戻す］ボタンに変化します。

❸ ［最小化］ボタン

そのウィンドウをデスクトップから一時的に消します。終了したわけではなく、タスクバーにあるそのウィンドウのアイコンをクリックすれば、ウィンドウを再表示します。

❹ タイトルバー

そのウィンドウのソフト名やファイル名を表示しています。空いている部分を使い、いろいろな機能のアイコンを表示している場合もあります。何も表示されていない部分をマウスで指してドラッグすると、ウィンドウを移動できます。

❺ リボン

そのウィンドウで使えるいろいろな機能のアイコンが並んでいます。「メニュー」「ツールバー」などとも呼びます。

❻ スクロールバー

ウィンドウのサイズは限られているので、表示しきれない内容は、上下左右に表示を移動（スクロール）させて見るようになります。スクロールバー両端の［▲］［▼］をクリックしたり、中間にある四角い部分をドラッグするなどして使います。

❼ ステータスバー

必要に応じて、そのウィンドウに関するいろいろな情報が表示されます。

❽ タスクバーのアイコン

重なって隠れているウィンドウに対応するアイコンをクリックすると、そのウィンドウを選択できます。

❾ 現在選択されているウィンドウ（アクティブウィンドウ）

重なりが一番上のウィンドウが「現在使用中」です。

Chapter 02.

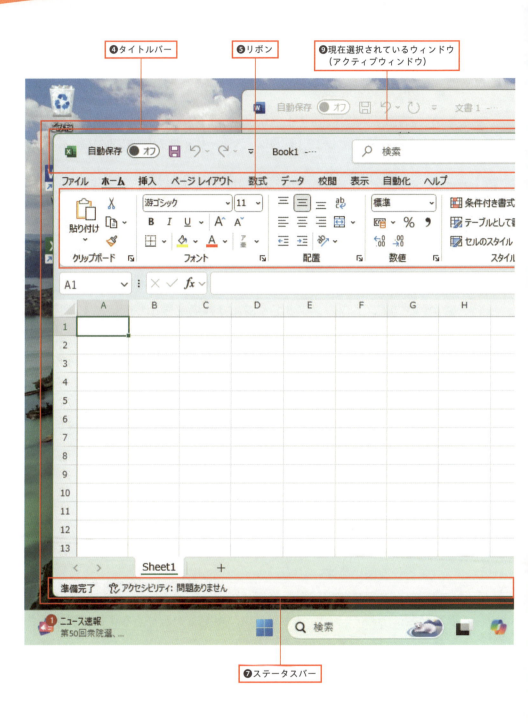

1冊目 Windows入門

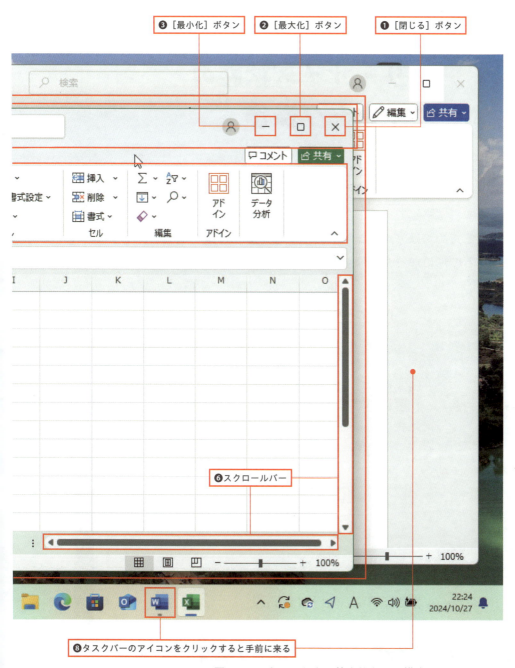

図 2-3-1　ウィンドウの基本的な画面構成

Chapter 02.

Windowsの操作を身につける！

2-4 フリーサイズ状態の ウィンドウ操作

　フリーサイズの状態になっているウィンドウは、タイトルバーの何もない部分を指してドラッグすれば移動できます。

　サイズを変えるためには、ウィンドウの輪郭部分をマウスで指して、マウスポインタが⇔↕⇖などの形になった状態でドラッグします。

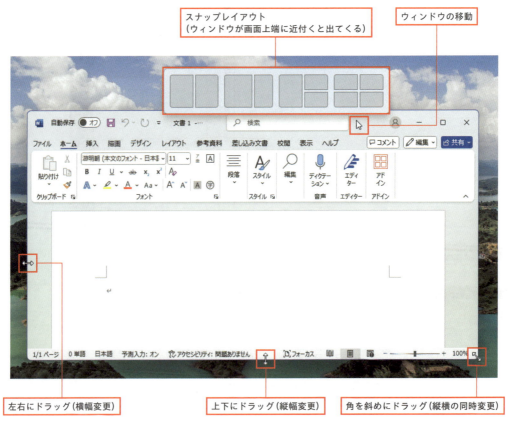

図 2-4-1　ウィンドウの移動、拡大や縮小の操作

Windows11には、「スナップレイアウト」といって、複数のウィンドウをきれいに並べて表示する機能があります。フリーサイズのウィンドウを画面上側に移動すると、図のようにスナップレイアウトのボックスが表示され、図で示された位置にドラッグすることで、いろいろなパターンでウィンドウを並べることができます。最大化ボタンをクリックせずにマウスで指した場合も、スナップレイアウトが表示されます。

例えば、図2-4-1でスナップレイアウトのボックスを見ると、一番左側は同じサイズの四角が2つ並んでいます。ここにウィンドウをドラッグすると、ドラッグしたウィンドウが、ピッタリ画面半分の幅で表示されます。そして残り半分の画面には残ったウィンドウが一覧表示され、選んでクリックすれば、ドラッグしたウィンドウの隣に表示されます。要するに、2つのウィンドウをきれいに2つ並べられるわけです。

同様に、図2-4-1の画面に表示されているスナップレイアウト右端には、小さな四角が4つ並んでいます。ドラッグしたウィンドウをここに入れて、残り3つの四角にどのウィンドウを表示するか順次選択すれば、画面にウィンドウを4つ並べて表示できます。

スナップレイアウトで表示している状態では、ウィンドウをマウスで移動すればスナップレイアウトが解除され、元のサイズに戻ります。

ただし、スナップレイアウトの機能は便利なのですが、ウィンドウを端に寄せるたびにスナップレイアウトのボックスが表示され、ちょっと邪魔なこともあります。スナップレイアウトの機能を使わない場合は、その機能を無効にしておいてもいいでしょう。

スナップレイアウトの機能が働かないようにするためには、まずスタートメニューから［設定］アイコンをクリックし、表示された画面から、次のように操作してください。

①左側の［システム］をクリック
②表示された画面右側で［マルチタスク］をクリック
③表示された画面右側で［ウィンドウのスナップ］をオフにする

Chapter 02.

Windowsの操作を身につける！

2-5 「ファイル」とは

ファイルの**アイコン**

　パソコンでは、1枚の写真、1曲の音楽、1枚の文書など、パソコンに保存したものひとつひとつを、「ファイル」と呼びます。「文書ファイル」「画像ファイル」「音楽ファイル」といった表現があれば、それはパソコンに保存してある文書や写真ということです。

　パソコンに保存してあるファイルは、Windowsの画面では、「アイコン」と「ファイル名」の組み合わせで表示されます。

　ファイルのアイコンは、主にファイルの種類を示すものです。同じソフトで保存したファイルは、たいていの場合、同じ種類のアイコンになります。「Wordのファイル」とか「Excelのファイル」など、アイコンを見れば一目でわかります。

　なお、写真やビデオのアイコンは、画像自体がアイコンサイズで小さく表示される場合もあります。

ファイルの**名称**

　アイコンはファイルの種類によって自動的に決まるものですが、ファイル名は自分で考えて付ける必要があります。たとえば「報告書」という名前でWordの文書を保存したとすると、あとで見たときに、開いてみないと何の報告書かわかりません。かといって、あまり長いファイル名も扱いにくいので、わかりやすく短いファイル名を工夫する必要があります。

図 2-5-1　いろいろなファイルのアイコンとファイル名

ファイルの表示形式

　ファイルの表示は、図の例のようにアイコンが大きく見えている形式以外にも、いろいろな形に変更できます。使っているソフトによっても異なりますが、図2-5-2の例だと、上側に見えている「表示」という機能で切り替えられます。

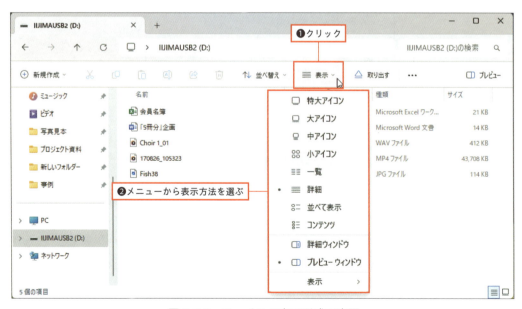

図 2-5-2　ファイルの表示形式の変更

Chapter 02.　Windowsの操作を身につける！　39

Chapter 02.

Windowsの操作を身につける！

2-6 「保存場所」が重要

 自分で決める保存場所

　自分でファイルを保存する場合、ファイル名とともに重要なのは、どこに保存するかという「場所」です。

　たとえば図2-6-1は、ワープロのWordを終了しようとした際、「保存してないからこのまま終わると消えてしまう」と警告し、ここで［保存］ボタンをクリックすれば保存してくれるという画面です。とても親切な機能ですが、では、ここで保存した文書はどこに保存されるのでしょうか。

図 2-6-1　保存操作をせずに終了しようとしたときに表示される画面

　画面をよく見ると、「場所を選択」という欄があり、「OneDrive」と書いてあります。OneDriveというのは、マイクロソフトが提供しているインターネット上の保存場所です。つまり、このまま保存すると、この文書はインターネット上のどこかに保存されるわけです。自分のパソコンには保存されないのです。

どこに保存するかが問題

　仕事で扱うデータは、セキュリティの問題から、勝手にインターネットに保存してはいけない、というルールになっている会社もあります。あるいは、作った文書は他の人も使えるように、複数のパソコンから利用できる「共有フォルダ」に保存しておく、といったケースもあります。プライベートでパソコンを使っている場合と異なり、仕事では、状況に応じて「どこに保存するか」が問題になるのです。

　Windowsでは、ファイルを整理して保存するための「場所」を、自分で作る機能があります。たとえばUSBメモリの中にいくつかの区画を作り、内容に応じてファイルを整理して保管できます。こうした保存場所のことを「フォルダ」と呼びます。

　図2-6-2の左側に見えている「ドキュメント」や「ピクチャ」なども、あらかじめWindows内に作ってあるフォルダです。

図 2-6-2　Word で作った文書を保存する画面

Windowsの操作を身につける！

2-7 「エクスプローラー」とは

ファイル管理用のソフト「エクスプローラー」

　Windowsには、「エクスプローラー」というソフトが含まれています。プライベートでパソコンを使っているだけだとあまり使わないかもしれませんが、仕事でパソコンを使う際には、とても重要なソフトです。

　エクスプローラーは、ファイル管理用のソフトです。ファイルのコピーや移動、名前の変更、不要なファイルの削除など、いろいろな機能でファイルやフォルダの管理を行います。仕事で作った文書を他の人に渡すような場合も、文書ファイルをエクスプローラーで共有フォルダにコピーする、といった使い方をします。コピーなどの操作は次項から順次解説しますが、とりあえず、エクスプローラーの画面を見てみましょう。

　エクスプローラーは、通常、タスクバーにアイコンがあります。これをクリックすれば、図2-7-1のように、エクスプローラーのウィンドウが表示されます。

エクスプローラーを開くショートカットキー
エクスプローラーはタスクバーのアイコンから開くことが基本ですが、⊞キーを押したまま Ｅ のキーを押すと、エクスプローラーを開くことができます。次項のように、複数のエクスプローラーを開いてファイルのコピーや移動などの操作をしたい場合、この方法が便利です。

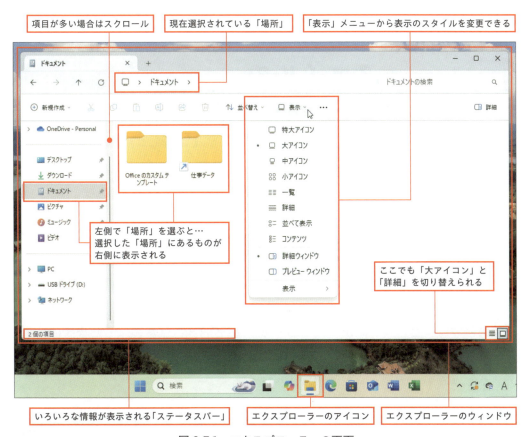

図 2-7-1　エクスプローラーの画面

エクスプローラーの使い方

エクスプローラーの画面は、左右に分かれています。基本的な使い方としては、

①**左側で使いたい「場所」を選択する**
②**その「場所」にあるファイルやフォルダが右側に表示される**

という手順になります。こうして目的のファイルやフォルダを画面に表示したうえで、それをコピーや移動したり、名前の変更や削除などをするわけです。とにかくファイルやフォルダを表示しないと操作できないので、その意味ではエクスプローラーはパソコンの中を見るソフトといってもいいでしょう。

Chapter 02.

Windowsの操作を身につける！

2-8 ファイルの コピーや移動

ドラッグしてコピーや移動をする方法

　保存してあるファイルやフォルダを**コピー**や**移動**する方法は、いろいろあります。感覚的にわかりやすいのは、図2-8-1のようにエクスプローラーを2つ開いておいて、アイコンをドラッグする方法でしょう。ファイルでもフォルダでも、同じようにコピーや移動ができます。

　図の例では、コピー先のエクスプローラーでUSBメモリを表示した状態にして、そこにドラッグしています。これで、パソコン内のファイルをUSBメモリにコピーできるわけです。

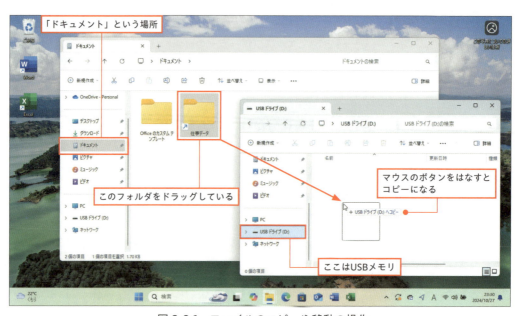

図 2-8-1　ファイルのコピーや移動の操作

ドラッグとキーを併用してコピーや移動をする方法

アイコンをドラッグすると、どこからどこにドラッグしたかという位置関係によって、コピーになったり移動になったりします。

確実にコピーや移動をするためには、次のようにキーを併用します。

  Ctrl キー＋ドラッグ 　…　コピー
  Shift キー＋ドラッグ　…　移動

右ボタンでドラッグしてコピーや移動をする方法

マウスの右ボタンを使ってドラッグすると、ボタンを離した時点で小さなメニューが表示され、コピーか移動かを選択できます。キーを併用しなくていい方法です。

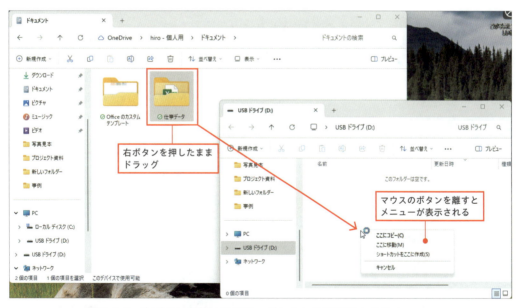

図 2-8-2　右ボタンを使ってドラッグしたときに表示されるメニュー

Chapter 02.

Windowsの操作を身につける！

2-9 ファイル管理に必要な知識

フォルダの作成

　同じ場所にたくさんのファイルが保存されていると、目的のファイルが見つけにくくなったり、間違えて他のファイルを使ってしまったりします。そういう場合、自分でフォルダを作り、ファイルをその中に移動して整理しておけば、使いやすくなります。

　新しくフォルダを作りたい場合は、作りたい場所をエクスプローラーで表示し、そこを右クリックします。表示されたメニューから［新規作成］を選ぶと、表示されるサブメニューに［フォルダー］があります。

　新規作成したフォルダは「新しいフォルダー」という名前で作られますが、作った直後はフォルダ名が編集状態になっています。内容がわかりやすいフォルダ名に変更しておきましょう。

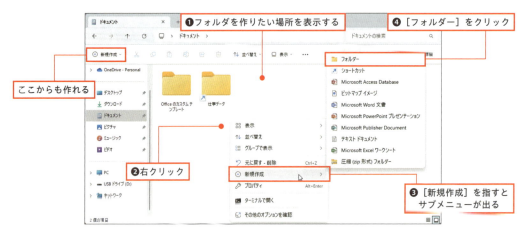

図 2-9-1　フォルダの作成

フォルダの名前の変更や削除

　すでにあるファイルやフォルダは、エクスプローラーで表示し、マウスで右クリックすれば、図2-9-2のようにメニューが表示されて、いつでも名前の変更や削除ができます。

　ファイルやフォルダを誤って削除した場合、デスクトップの［ごみ箱］アイコンをダブルクリックして、開いてみてください。そこにあれば、そのファイルやフォルダを右クリックして［元に戻す］で復活できます。

　ただし、ファイルやフォルダを削除する際、「完全に削除します」という確認メッセージが出た場合は、ゴミ箱に入らない完全削除になります。この場合、Windowsの機能では復活できません。100％復活できるとは限りませんが、ネットで「ファイル復元ツール」といったものを探してみてください。

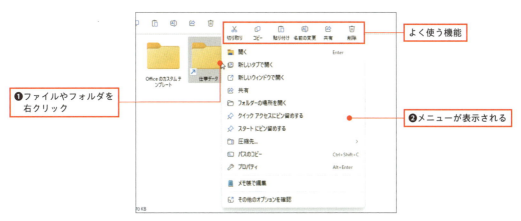

図2-9-2　ファイルやフォルダを管理するためのメニュー

MEMO　ごみ箱に入らない削除

エクスプローラーでファイルやフォルダを選択し、Shift + Delete キーというキー操作で削除すると、必ず「ごみ箱に入らない削除」になります。セキュリティの問題で簡単に復活されては困るファイルを削除したい場合には、この方法で削除します。

Chapter 03.

日本語入力を身につける！

3-1 | 日本語入力の基礎知識

「日本語変換」機能

　英語でパソコンを使う場合、必要な文字がすべてキーボードにあるので、使いたい文字のキーを押すだけで入力できます。しかし日本語の場合は、漢字まで含めると数千文字を使うので、とてもキーボードには書ききれません。

　そこで日本語パソコンでは、「読み」を入力して「変換」し、表示された候補一覧から漢字や単語を選んで入力するという、「日本語変換」機能を使います。パソコンには漢字や単語を並べた日本語辞書が入っているので、それを使って、読みから漢字などに変換するわけです。

　日本語変換機能は、Windowsの一部として組み込まれたプログラムです。いろいろな会社が作った日本語変換プログラムがあるのですが、本書では、Windowsに付いてくる「IME（アイ・エム・イー）」という日本語変換プログラムを使います。

　なお、日本語変換プログラムは、機能のオンとオフが切り替えられるようになっています。オフにしても、キーボードに書いてあるアルファベットや記号などは入力できます。日本語変換オンで入力する平仮名や漢字を「全角文字」と呼ぶのに対して、日本語変換オフで入力するアルファベットや記号は文字幅がちょうど半分なので、「半角文字」と呼びます。

日本語変換のオンとオフの切り替えは、キーボード左上にある、半角/全角キーで行います。タスクバー右側に「あ」という表示があればオンの状態、「A」という表示があればオフの状態です。

図 3-1-1　日本語変換プログラムがオンの状態

図 3-1-2　日本語変換プログラムがオフの状態

ローマ字入力とかな入力

　日本語パソコンのキーボードには、アルファベットと平仮名の両方が書いてあります。ひらがなを利用して入力するのが「かな入力」、アルファベットのキーを使うのが「ローマ字入力」です。
　一般的にいって、ローマ字入力よりも、かな入力の方が少し効率がいいといわれています。ただし、手元を見ないで入力するタッチタイプを身につけるには、ローマ字入力が最適です。

3-2 ひとつのキーに書かれた文字や記号

日本語入力を身につける！

キーの表記

　日本語キーボードでは、ひとつのキーに対して、最大で4つの文字や記号が書いてあります。

　図3-2-1を見てください。基本的な使い分けとしては、「かな入力」の場合に右半分、「ローマ字入力」または「日本語変換オフ」の場合に、左半分を使います。そしてどちらの場合も、shiftキーを併用すれば上側、そのままキーを押せば下側の文字が入力されます。

　アルファベットが書いてあるキーは、「ローマ字入力」または「日本語変換オフ」の場合、そのまま押すとabcといった小文字のアルファベット、shiftキーを併用すればABCといった大文字のアルファベットになります。

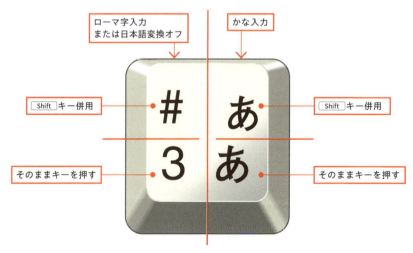

図 3-2-1　ひとつのキーにいろいろ書いてある場合の使い分け

特殊な扱いをするキー

　キーボード右下のめとその周辺のキーは、日本語変換オンの場合、使いかたがちょっと変則的です。たとえばローマ字入力の状態でめのキーを押すと、「め」の上に書いてある「・」（なかぐろ）という記号が入力されます。また、shift+めで全角の「？」が入力されます。

　では全角の［／］を入力したい場合は、どうすればいいでしょうか。

　まずめのキーをそのまま押した後、続けてF9キーを押してください。最初のめで「・」が入った後、続けて押したF9キー（全角変換）の効果で、「・」が「／」に変化します。

　こうした特殊な扱いになっているキーには、次のようなものがあります。句読点やカギ括弧などよく使う文字が多いので、使い方に慣れておきましょう。

```
ねのキー      → そのまま押すと → 、（句読点の「てん」）
るのキー      → そのまま押すと → 。（句読点の「まる」）
めのキー      → そのまま押すと → ・（記号の「なかぐろ」）
むのキー      → そのまま押すと → 」（カギ括弧）
むの上のキー  → そのまま押すと → 「（カギ括弧）
```

図 3-2-2　例外的なレイアウトのキー

Chapter 03.

日本語入力を身につける！

3-3 メモ帳で基本の「変換」を練習

メモ帳の起動

　さて、ここから本格的に入力の練習をします。そのためには文字を書くための紙が必要なので、とりあえず、Windowsにおまけで付いてくる「メモ帳」を使ってみましょう。もちろん、ワープロであるWordで練習してもかまいません。

　メモ帳を呼び出すためには、まずタスクバーにある［スタート］ボタンをクリックし、表示された画面上側の［すべて］をクリックします。あとは、表示されたリストをどんどん下にスクロールし、最後の方にある［メモ帳］をクリックしてください。

　メモ帳を開いたら、まず、タスクバー右端を見てください。ここに「あ」と表示されていれば、日本語入力機能が働いています（オンの状態）。「あ」ではなく半角の「A」が表示されていたらオフの状態なので、キーボード左上の [半角/全角] キーを押してみてください。

　日本語変換のオンとオフの切り替えは、アプリごとに設定されます。メモ帳の中に文字カーソルが見えていれば、現在はメモ帳が選択されているということです。その状態で、「あ」（日本語オン）になっている必要があるわけです。

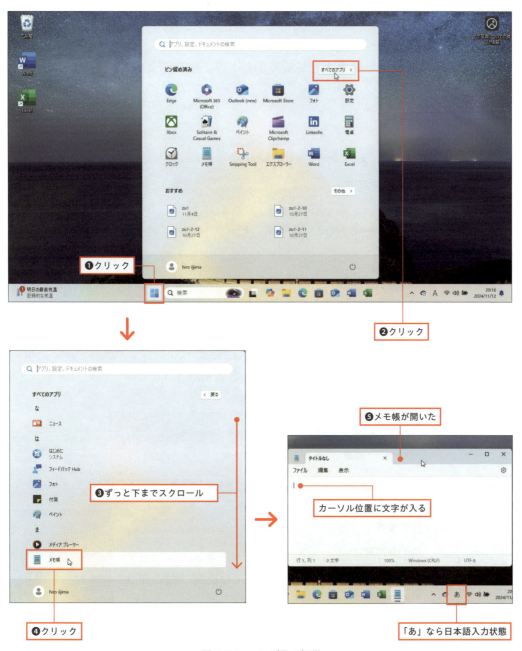

図 3-3-1　メモ帳の起動

Chapter 03. 日本語入力を身につける！ 53

日本語入力の基本

それでは、実際に日本語を入力してみましょう。日本語変換では、

① 「読み」を入力する
② 変換 キーを押す
③ 漢字が表示される
④ Enter キーで確定する

という手順で漢字や日本語の文章を入力します。

　もう少し細かく見ていくと、たとえば「変換」と入力したい場合は、まず、ローマ字入力なら HENKANN、かな入力なら へんかん とキーを押し、読みを入力します。この時点で、画面には「へんかん」とひらがなで読みが表示され、読みの下には下線が付いています。

　なお、まだ変換前ですが文字の下に候補が自動表示され（**予測変換**）、使いたいものがあればクリックして変換してしまうこともできます。

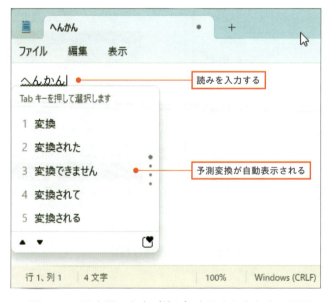

図 3-3-2　日本語の文章（読み）を入力したときの画面

読みを入力できたら、キーボードの下側にある変換キーを押して、漢字に変換します。そうして目的の漢字が出たら、Enterキーで確定すれば記入されます。確定すると下線が消えるので、変換状態でなくなったことがわかります。

図 3-3-3　漢字に変換して確定

　なお、変換キーではなく、スペースキーを使っても、同様に変換できます。変換キーよりも大きなスペースキーのほうが使いやすいので、一般にはスペースキーが変換に使われます。

POINT　最初は予測変換を使わない

読みを入力した時点で勝手に候補が出てくる予測変換の機能は、実用的にはとても便利なものです。しかし、入力に十分慣れていないうちは、予測変換は利用しないほうがいいでしょう。予測変換に慣れてしまうと、本来の変換操作がなかなか身に付かず、結局、入力が遅くなってしまいます。

便利　難しいローマ字の綴り

「でぃ (DHI)」「うぃ (WI)」などのローマ字綴りは、ちょっとわかりにくいと思います。よく使うものは覚えてしまえばいいのですが、「うぃ」ではなく「う」と「ぃ」というように、別々に入れる方法を覚えておくと便利です。
たとえば小さな「ょ」なら、YOの前にXを付けて、XYOとします。Xの代わりにLでもいいので、LYOでも同様です。この方法なら、たとえば「うぃ」なら、UXIでいいわけです。

Chapter 03.

日本語入力を身につける！

3-4 | 変換候補がたくさんある場合の操作

　「読み」を入力して漢字に変換する際、同じ読みの漢字が複数あると、とりあえず使用頻度の高そうなものが変換されて出てきます。

　もしそれが使いたいものでなければ、もう一度 変換 キーを押すと、次ページのように同じ読みの漢字が変換候補として一覧表示されます。そこから使いたい漢字を探し、マウスでクリックして選択してください。

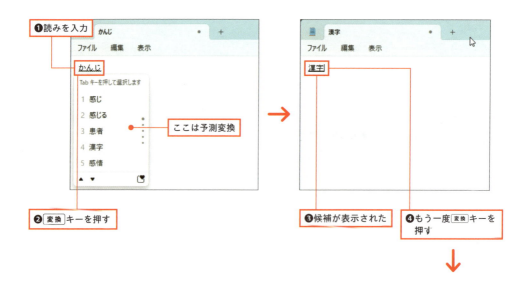

MEMO　確定してしまった文字の再変換

一度確定して書き込んでしまった文字でも、ドラッグして文字を選択してから 変換 キーを押せば、何度でも変換しなおせます。

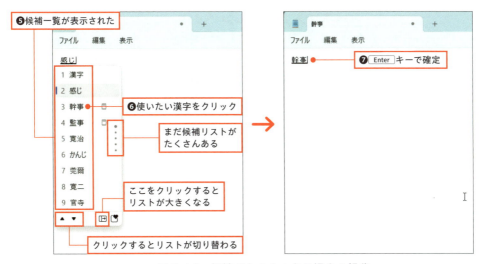

図 3-4-1　候補がたくさんある場合の操作

　同じ読みの漢字がたくさんある場合は、候補一覧の左下にある小さな［▲］［▼］をクリックすると、次の候補リストに切り替わります。候補リストが何組もある場合は、リストの右側に小さな丸で表示されます。図の例では小さな丸が5つもあるので、同じ読みの漢字候補がたくさんあることがわかります。

　なお、候補リストの下側にあるアイコンをクリックすると、候補リストを横に広げて大きくすることもできます。

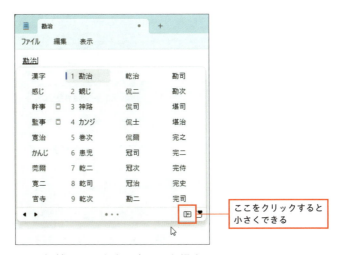

図 3-4-2　候補リストを広く表示した場合の画面

Chapter 03.

日本語入力を身につける！

3-5 | 文字の挿入や削除

　メモ帳やワープロソフトに限らずパソコンでは、キー入力した文字は、文字カーソルの位置に書き込まれます。文字カーソルの形は状況によって変化することがありますが、基本は点滅する縦線です。

　文字を書き込んだあと、文字カーソルは、書き込んだ文字の右側にあります。その状態でBack spaceキーを押すと、文字カーソルの左側、つまり直前に書き込んだ文字を削除できます。

　また、文字カーソルは、←→キーで左右に移動したり、マウスでクリックして移動したりできます。文字カーソルを移動すれば、記入してある文章の途中も削除できます。その際、Back spaceキーを使うと文字カーソルの左側、Deleteキーを使うと文字カーソルの右側を削除できます。

　文字を削除するだけでなく、すでに書いてある文章の途中に文字カーソルを移動し、そこで普通に文字を入力すれば、新しい文章を割り込ませることもできます。

　この場合、あらたに入力した文字は、カーソルの位置に書き込まれるのが普通です。もとあった文章は右側にずれていきます。

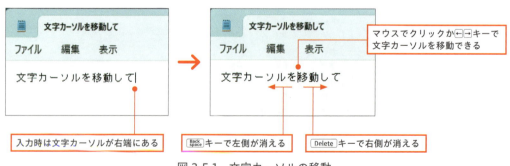

図 3-5-1　文字カーソルの移動

日本語入力を身につける！

3-6 ちょっと長い文章の変換

　漢字にひらがなを付けた程度の短い単語だけでなく、「日本語を変換する」というように、複数の単語とかなが交じった文章も一度に変換できます。
　その場合も、変換の操作自体は、単語を変換するのと変わりません。ただし、自動的に文章を単語に区切って変換するので、複数の単語が変換状態のまま並ぶようになります。そのため、一部の単語が希望どおりに変換されなかった場合は、その単語だけ候補を選択しなおす、という操作が必要になります。
　実際の操作は、まず文章の「読み」を入力します。これは、単語より長いというだけで、単語の変換と同じことです。

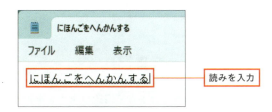

図 3-6-1　読みの入力

　読みを入れて変換すると、文章を複数の単語に区切って変換されます。この時点で文章の下を見ると、下線が細い部分と太い部分があります。メモ帳ではちょっとわかりにくいですが、図3-6-2で図解しているように、変換中であることを示す細い下線が文章全体の長さで表示されていて、その上に重なる形で、ちょっと太い下線があります。
　このちょっと太い下線は、文章全体の中で、現在変換中の単語を示しています。←→キーで移動できるので、希望どおりに変換できていない単語に移動して、変換しなおしてください。

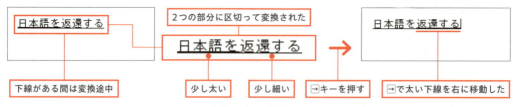

図 3-6-2　再変換したい単語にカーソルを移動

　カーソルが移動したら、変換キーを押して変換候補の中から使いたい変換候補をクリックで選択します。

　なお、変換候補の一覧をクリックして単語を選んでも、まだ全体が変換状態のままです。変換を修正したい単語が複数ある場合は、太下線（選択単語）を移動して、同様に繰り返せばいいわけです。最後に Enter キーを押すと、文章全体をまとめて確定します。

図 3-6-3　候補リストから目的の漢字を選択

MEMO　単語の区切りは文節

本文で解説しているように、長い文章はいくつかに区切って変換されます。区切る基準は「意味のある最小単位」で、この区切りを「文節」といいます。文節の区切り位置は、「明日から海に行く」→「明日からネ、海にネ、行く」というように、「ネ」を割り込ませて違和感がない位置といわれています。図 3-6-2 で図解している「ちょっと太い下線」は、変換対象になっている文節を示すものなので、「文節カーソル」と呼びます。

日本語入力を身につける！

3-7 文章の区切り位置の変更

　前項で解説したように、長い文章を一度に変換すると、自動的にいくつかの単語（文節）に分解して変換されます。その際、入力した文章によっては、うまく分解できないで、区切り位置が違ってしまうことがあります。

　たとえば「あしたはいしゃにいきます」は、区切り位置によって、「明日歯医者に行きます」とも「明日は医者に行きます」とも解釈できます。日本語変換機能はどちらかの解釈で区切って変換しますが、それが入力した人の意図した文章とは限りません。違っていたら自分で区切り位置を変更する必要があります。

　区切り位置の変更は簡単です。まず変換状態で ← → キーを使い、「ちょっと太い下線」（**文節カーソル**）を、区切り位置を変えたい単語に移動してください。そうしておいて、 Shift キーを押しながら ← → キーを押せば、文節カーソルの長さを変更できます。目的の位置で区切られるように文節カーソルの長さを変えたら、 変換 キーを押せば再度変換できます。

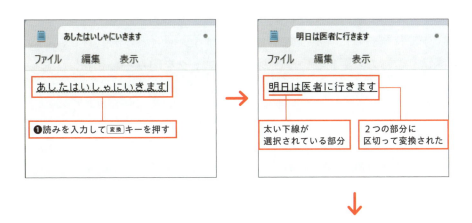

Chapter 03. 日本語入力を身につける！　61

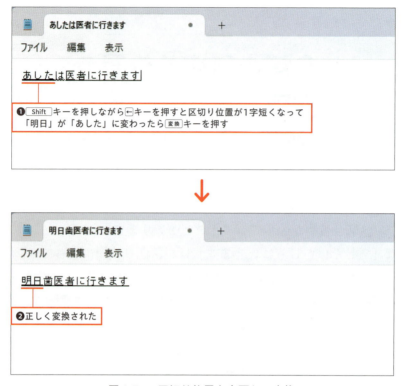

図 3-7-1　区切り位置を変更して変換

　実際の変換では、区切りなおしたあとの変換で、候補一覧を出して選ぶ必要があるかもしれません。あるいは、区切りなおしたことによって以降の文章の変換も変化し、ほかの文節も選択して区切り位置を調整する必要があるかもしれません。とにかく、すでに解説した「変換候補から選択」「変換対象の選択」と、ここで解説した「区切り位置の変更」という3つのテクニックを組み合わせれば、思いどおりに変換できるのです。

日本語入力を身につける！

3-8 便利な変換機能

　●や▲などの記号は、「まる」「さんかく」などの読みで変換できます。同様に、「はさみ」「でんわ」などの読みで、いろいろな絵文字を入力できます。また、「きごう」という読みで変換すれば、図3-8-1のように、いろいろな記号が候補に出てきます。

　よく使う記号として、↑↓←→などの矢印は、「やじるし」という読みで変換できます。さらに、「みぎ」という読みで「→」というように、方向を指定して呼び出すこともできます。

　もうひとつ、①②…などの番号は、「1」という読みで変換すれば①、「12」という読みで変換すれば⑫というように、数字を読みとして簡単に変換できます。こうした丸の数字は、通常は⑳まで用意されています。

　また、「パソコン」などのカタカナ語は、「ぱそこん」という読みで変換すれば出てきます。要するに、ほとんどのものは読みで変換すればいいのです。

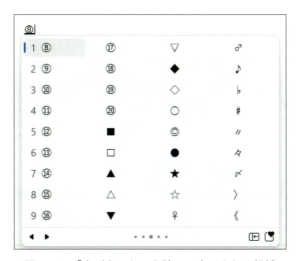

図3-8-1 「きごう」という読みで表示される候補

ただし、専門用語や会社名などのカタカナ語は、変換で出てこないこともあります。そうした場合は、F7キーがカタカナ変換のキーです。同様に、F6キーでひらがな変換できます。

ちょっと特殊な変換機能として、「162-0846」というように郵便番号を入力して変換すると、図3-8-2のように、候補として住所が出てきます。これは、なかなか便利な機能です。

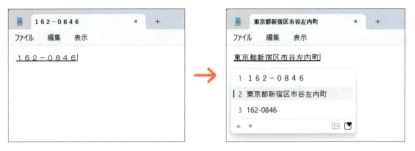

図 3-8-2　郵便番号から住所に変換

なお、日本語変換オンの状態でアルファベットやキーボードにある記号を入力したい場合は、次のようなキーを使います。

F9 キー … 全角変換
F10 キー … 半角変換

たとえばローマ字入力の状態で「A」という文字を入力したければ、とりあえずAのキーを押して「あ」と表示された後、続けてF9キーかF10のキーを押すことにより、全角や半角のAに変換できます。

> **MEMO** **ファンクションキーが動作しないとき**
> 一部のパソコンで、F7キーを押してもカタカナ変換できない、というケースがあります。その場合は、キーボード左下にあるFnキーを併用し、Fnキー＋F7キーと操作してください。F6 F9 F10なども同様です。

2冊目

インターネット＋メール入門

Chapter 04.
インターネットの操作を身につける！

Chapter 05.
メールの操作を身につける！

Chapter 04.

インターネットの操作を身につける！

4-1 インターネットの基礎知識

インターネットは全世界ネットワーク

　インターネットというのは、世界中のコンピューターがつながったネットワークです。日本語のホームページでも世界中の人が見ますし、電子メールは世界中どこにでも届きます。インターネットに国境はないのです。

　全世界ネットワークであるということは、とても便利なことです。しかしその分、危険も大きくなります。発信した情報を世界中の人が見てくれるということは、逆に、コンピュータウイルスや不正アクセスも世界中から来る可能性があるということです。ニュースでも、「海外からの不正アクセス」といった話は、ときどき目にすることがあると思います。

　もともとインターネットというのは、大学や企業の研究所などが、研究情報の交換に使うことからスタートしています。そこからどんどん参加者が増えていき、いつのまにか全世界に広がってしまった、という経緯があります。「インターネット」というものは、どこかの企業や団体が作って運用しているひとつのサービスではなく、自然発生的に広がってしまったネットワークなのです。

インターネットの「アドレス」

　インターネットにあるホームページやSNSなどのサービスを利用するためには、全世界ネットワークの中から目的のホームページやサービスを探して、自分のパソコンをそこに「接続」する必要があります。そのため、ホームページやいろいろなサービスには、接続用の住所に相当する「URL（ユー・アール・エル）」というものがあります。

たとえば図4-1-1では、技術評論社の書籍情報ホームページを見ています。画面左上を見ると

　　gihyo.jp/book

と表示されていますが、クリックしてみると

　　https://gihyo.jp/book

というように変わります。
　これがインターネット上のアドレスであるURLです。
　URLさえわかれば、ブラウザのアドレス欄にキー入力することで、検索などせずに、目的のホームページを直接開けます。

図 4-1-1　URL の全体表示

　URLを簡単に解説しておくと、まず先頭部分は、「https://」か「http://」で始まります。sが付いているかどうかの違いですが、このsは「安全な」といった意味の、「secure」のsです。「http://」は古い通信方式で、現在はセキュリティ対策をした「https://」が主流です。ただし、古い「http://」方式のホームページも、まだたくさんあります。
　URLで一番大事なのは、

　　「https://」の直後から次の「/」までの間

Chapter 04.　インターネットの操作を身につける！　　67

です。画面の例では「gihyo.jp」の部分です。ここを「ドメイン名」といい、全世界でひとつしかない識別用の名前です。ドメイン名は勝手に付けることはできず、ドメイン名を管理していいる団体に申請し、登録しないと使えません。その際、同じ名前が既に使われていると、登録できないようになっているのです。

ドメイン名を見れば、そのホームページを管理している会社や団体がわかります。たとえば銀行のホームページで、ドメイン名が「ad12sVim.com」などと意味不明なものになっていたら、それは間違いなく詐欺サイトです。

ドメイン名から後の部分は、アドレスによって様々です。ドメイン名だけで終わっているものもありますし、すごく長いものもあります。この部分は、特に意識する必要はありません。重要なのはドメイン名です。

家庭用のインターネット通信回線

　スマホなどでインターネットを使っている場合は、スマホの無線で接続しています。それに対して、自宅のパソコンでインターネットを使うような場合は、自宅にインターネット接続のための通信回線が必要です。「フレッツ光」「NURO光」などというのがインターネット用の通信回線で、自分で契約して設定しておく必要があります。

　現在、家庭で使われているインターネット用通信回線は、ほとんどが光通信を使用しています。しかし同じ「光通信」といっても方式がいろいろあり、通信速度がかなり違います。技術の進歩によって速度が変わっていきますし、自分の家がサービスエリアに入っているか、という問題もあります。もちろん料金的な問題もあるので、これから契約する人は、事前にしっかり調べておきましょう。

　なお、パソコンをインターネットに接続するためには、専用の通信回線に加えて、「プロバイダ」と呼ばれる接続業者の契約も必要になります。たいていはプロバイダが通信回線の代理店もやっているので、プロバイダのホームページなどを見ると、「××プラン」といった形で、通信回線とのセットプランを選べるようになっています。

Wi-Fiの種類と通信速度

　スマホが普及してから、「Wi-Fi（ワイファイ）」という言葉をよく耳にします。これは、パソコンの世界では「無線LAN」と呼ばれていたものです。呼び名が違うだけで、Wi-Fiと無線LANは同じものです。

　無線LANというのは、複数のパソコンを無線接続して、ネットワークを作るためのものです。スマホが登場する以前から、企業などで使われていました。ほとんどのノートパソコンには、無線LANのための無線機が内蔵されています。

　現在のスマホは、こうしたパソコン用の無線LANに接続する無線機を持っていて、パソコンと同様に無線LANに接続できます。家庭でも、光回線を契約して「無線ルーター」という無線LANの通信機を接続しておけば、スマホやパソコンから無線ルーター経由で光回線に接続し、インターネットを利用できます。この方法なら、スマホの通信料金（パケット代）はかかりません。これが、「スマホを自宅のWi-Fiで使う」という使い方です。

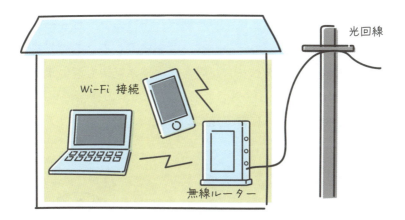

　Wi-Fiには次のような種類（世代）があり、方式によって通信速度が異なります。Gは速さの単位で、**ギガ**と読みます。

世代	呼称	最大通信速度
第4世代	Wi-Fi4	0.6G
第5世代	Wi-Fi5	6.9G

世代	呼称	最大通信速度
第6世代	Wi-Fi6	9.6G
第7世代	Wi-Fi7	46G

通信速度は、当然、速いほうがいいわけです。ただし、こうした通信方式は、スマホやパソコン、あるいは無線ルーターに内蔵されている無線機によって、決まってしまいます。いくら最新のWi-Fi7を使いたいと思っても、スマホやパソコンがちょっと古くてWi-Fi5の無線機を内蔵しているとか、無線ルーターがWi-Fi6までしか対応していないといった場合は、Wi-Fi7にはできないわけです。

「検索」サービスの仕組み

インターネットを活用するためには、検索機能が不可欠です。「Google（グーグル）」や「Yahoo!（ヤフー）」が有名ですが、マイクロソフトも「Bing（ビング）」という検索機能を提供しています。こうしたインターネット検索のページを使えば、世界中にある膨大な情報の中から、簡単に目的の情報を探し出せるのです。

実は、こうしたインターネット検索の機能は、インターネットそのものを検索しているわけではありません。

実際には、GoogleやBingのような検索サービスを提供している会社は、長い時間と労力をかけて全世界のホームページを調べ、自社のコンピュータにデータベースを作っています。我々は、そのデータベースを検索しているのです。こうした仕組みなので、検索に使うデータベースが違えば、検索結果も違います。また、違法な情報などはデータベースから除外されるので、通常の検索では絶対出てきません。ネット上には存在するのに検索で見つからない、いわゆる「アンダーグラウンド」なページになります。

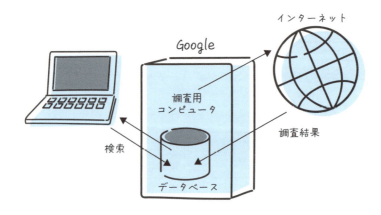

いろいろなウイルスやネット詐欺

　パソコンやインターネットを使っている人なら、「コンピュータウイルス」という言葉を知っていると思います。ウイルスといっても生きている病原菌ではなく、ウイルスのように悪質な作用をするプログラム、という意味です。「悪意のあるプログラム」とか「マルウエア」と呼ばれることもあります。「ワーム」という言葉も、ウイルスとほぼ同じ意味で使われます。

　ウイルスやワームには、いろいろな種類があります。愉快犯的にふざけたメッセージを表示するだけのジョークウエアもありますし、一瞬でパソコン内の全データを消してしまうような、破壊的なものもあります。あるいは、見つからないように隠れたまま、こっそり情報を盗んでいくという悪質なものもあります。要するに、ウイルスはプログラムであり、コンピュータはプログラムで動いているのですから、コンピュータにできることなら何でもできるのです。

　最近では、パソコンの中身を勝手に暗号化してしまい、解除したければお金を振り込めという、人質型の「ランサムウエア」が増えています。また、ウイルスとはちょっと違うのですが、「コンピュータがクラッシュ寸前です！！」といった脅し文句を表示し、修復料金をだまし取る「サポート詐欺」も増えています。Windowsは、こうした危機をあおるようなメッセージは表示しないので、すべて詐欺と思ったほうがいいでしょう。

図 4-1-2　悪質な偽のメッセージの例

Chapter 04.

ウイルスや不正アクセスから身を守る対策

　コンピュータウイルスからパソコンを守るため、Windowsには、「Windowsセキュリティ」というプログラムが、標準で入っています。
　以前のWindowsにはウイルスチェックの機能がなかったので、市販のウイルス対策ソフトが必要でした。しかし現在のWindowsセキュリティは、市販のウイルス対策ソフトと同じように、パソコンをウイルスから守ってくれます。
　さらに、「ファイアウォール」と呼ばれる不正アクセス防止機能など、Windowsには結構いろいろなセキュリティ機能があります。少なくとも最低限のセキュリティ機能としては、Windowには整っているといっていいでしょう。

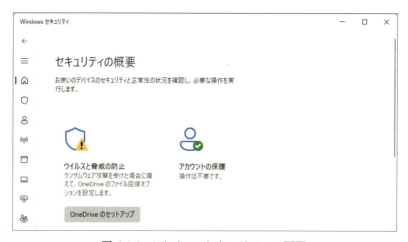

図 4-1-3　Windows セキュリティの画面

　では、Windowsセキュリティがあれば市販のウイルス対策ソフトなど不要かというと、そうでもありません。市販のウイルス対策ソフトは、ウイルス対策以外にもいろいろな機能を持った、総合的なインターネット用セキュリティソフトです。フィッシング対策機能やパスワードなどの個人情報保護機能、あるいは迷惑メール対策機能といった、さまざまな機能を持っています。インターネットにはいろいろな種類の危険があるので、こうした総合的なセキュリティソフトは不可欠ともいえます。単純なウイルス対策ソフトより格段に安全性が高まるので、ぜひ入れるようにしてください。

なお、最近のセキュリティソフトは、パソコンとスマホを合わせて3台まで、といった形でひとつ買えばパソコンにもスマホにも使えるものがあります。スマホもコンピュータですから、パソコンと一緒にスマホも保護しておくといいでしょう。

フリーWi-Fiを安全に使うならVPN

　観光地や駅、喫茶店など、いろいろな場所に「フリーWi-Fi」があります。これは69ページのイラストで紹介したスマホやパソコンのWi-Fi接続なのですが、屋外や店舗内などに無線機が設置されていて、だれでも自由に接続できるようになっています。Wi-Fi接続すればパケット料金を気にせずインターネットを使えるので、とてもありがたいサービスです。

　ただし、フリーWi-Fiには大きな問題があります。だれでも自由に接続できるようになっているため、セキュリティはかなり甘いのです。フリーWi-Fiでインターネットを利用しているときは、クレジットカード情報や個人情報など、知られては困る情報を入力してはいけません。

　観光地で情報収集しているような場合は、個人情報を入力しなくても問題ないでしょう。しかし喫茶店などで仕事をしているような場合、個人情報でなくても、外部に漏れると困る業務上のデータを使うことはあり得ます。そんな場合も、フリーWi-Fiは危険です。

　フリーWi-Fiを安全に使うためには、「VPN（ブイ・ピー・エヌ）」というサービスを併用してください。これは、市販のウイルス対策ソフトなどが機能の一部として提供してくれる場合もありますし、自分でVPN業者と契約して利用することもできます。あるいは、速度などの面で若干制約はありますが、無料のVPNサービスもあります。

　VPNというのは、暗号通信のサービスです。契約したVPN業者との間で暗号通信し、そのVPN業者が中継してインターネットを利用します。自分とVPN業者の間は暗号通信なので、フリーWi-Fiだろうと関係なく、安全に通信できます。

Chapter 04.

インターネットの操作を身につける！

4-2 ブラウザ（Chrome）の操作

「ブラウザ」とは

　文書を作るソフトを「ワープロ」と呼ぶように、インターネットでホームページを見るためのソフトを「ブラウザ」と呼びます。ブラウザという分類のソフト、ということです。

　ブラウザには、いろいろな種類があります。Windowsに標準装備されているのは「Edge（エッジ）」というブラウザですが、Googleが提供している「Chrome（クローム）」や、長い歴史のある「FireFox（ファイアフォックス）」といったブラウザも有名です。こうしたブラウザは、タブレットやスマートフォンでも使われています。

　なお、本書ではChromeを使って解説をおこないます。ChromeはWindowsの標準装備ではないので、パソコンによっては入っていないこともあります。その場合は、とりあえずEdgeを使って「chrome」というキーワードで検索し、ダウンロードページを探して、ダウンロードしてください。

 MEMO **Chrome は俗語？**

「Chrome」は、アプリを取り巻くツールバーなどの補助的な部品、といった意味の技術的な俗語です。車に取り付けたクロームメッキでキラキラしたパーツ、といったイメージです。Chrome が発売されたときのインタビューで、「Chrome という名前は、我々がユーザー・インタフェースに注力していることを象徴している。」といっています。

あとは画面の指示に従って、インストールしてください。もちろん無料です。Googleのアカウントがあったほうが機能をフルに使えますが、とりあえずブラウザとして使ってみるだけなら、Googleのアカウントはなくても大丈夫です。

図 4-2-1　ブラウザのアイコンや画面

Chromeの起動と終了

　前項図4-2-1のように、デスクトップやタスクバーにChromeのアイコンがあれば、そこからダブルクリックやクリックで起動できます。

　デスクトップやタスクバーにアイコンがない場合は、図4-2-2を参考にタスクバーにある［スタート］ボタンをクリックし、表示されたスタートメニューから探してみてください。ここにアイコンがあれば、クリックで起動できます。

　スタートメニューにもChromeのアイコンがない場合は、スタートメニュー右上の［すべて］というボタンをクリックしてください。そのパソコンにインストー

Chapter 04.

ルされているすべてのソフトが、ABCやあいうえお順で表示されます。Chromeは「C」ですから、リストの最初のほうにあると思います。

図 4-2-2　スタートメニューから Chrome を起動

以上のようなやり方で、Chromeが起動します。ウィンドウの操作は基本どおりで、右上の［最大化］ボタンで画面いっぱいに広げられます。Chromeを終了したい場合は、右上にある［閉じる］をクリックしてください。

図 4-2-3　Chrome を終了

 Chromeのウィンドウの基本操作

　ChromeもWindowsのソフトですから、デスクトップにウィンドウの形で表示されます。ウィンドウ右上の［最大化］ボタンで画面いっぱいに広げたり、［最小化］ボタンで最小化することもできます。ウィンドウのサイズ変更や移動なども含めて、こうした操作はWindowsの基本なので、36ページなども参考にしてください。

　また、インターネットでは、1画面に収まらないような縦長の画面も珍しくありません。そうした場合は、上下に「スクロール」して見るようになります。

　ウィンドウ内の表示をスクロールさせるためには、画面の右側や下側にある、「スクロールバー」を使います。スクロールバーの両端にある矢印のような三角をクリックすれば、その方向に少し動きます。スクロールバーの中にある四角い灰色部分をマウスで指してドラッグすれば、一気に大きく動かすこともできます。横スクロールが必要な場合も、操作方法は同様です。

Chapter 04.　インターネットの操作を身につける！　77

ホームページを見る際に最も多く使うのは、上下のスクロールです。そのためには、マウスのホイールも利用できます。ホイールを指先で回転させるだけで画面が上下に移動するので、試してみてください。

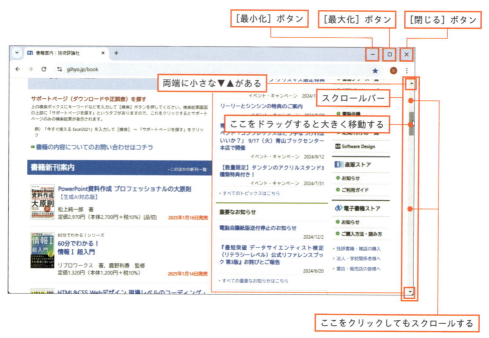

図 4-2-4　Chrome のウィンドウにあるボタンとスクロール

リンクのたどり方

ホームページの中には、「リンク」といって、クリックすると表示がほかのページに切り替わる部分があります。たいていの場合、リンクはボタンになっていたり、太字にして色を変えたり、あるいは下線を付けてあるなど、見ればわかるようになっています。また、マウスで指したときに、マウスポインタが通常の矢印から指のアイコンに変わるので、マウスで指してみればクリックできる場所であるとわかります。

インターネットを利用する基本は、こうしたリンクでいろいろなページをたどり、必要な情報を探していくことです。

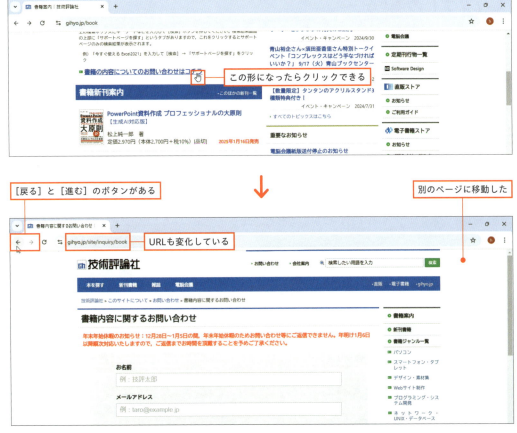

図 4-2-5　リンク先に移動

　こうしてリンクをたどっていると、「前のページに戻りたい」と思うことがあります。そんなときは、ウィンドウ左上にある[←]のボタンをクリックしてください。あるいは、一度戻ってから再度進めたい場合は、[→]のボタンも使えます。

戻り先リスト

戻るために使う[←]ボタンを、クリックではなく、ボタンを押さえてちょっとだけ待つと（長押し）、これまでリンクでたどってきた履歴が一覧表示されます。[←]をクリックすれば直前に戻りますが、リストから選んでクリックすれば、もっと前のページに直接戻ることもできます。

Chapter 04　インターネットの操作を身につける！

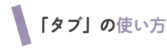

「タブ」の使い方

　ブラウザには「タブ」という機能があり、ひとつのブラウザで、複数のホームページを同時に開くことができます。

　たとえばブラウザでいろいろなリンクをたどっていると、いつの間にかタブが増えていることがあります。リンク先が自動的に新しいタブで開かれている、ということもあるのです。その場合、タブを切り替えてみると、前のページも別タブとしてちゃんと残っています。

　タブは、各画面の見出しを表示した形で、画面の上側に並んでいます。タブの切り替えは、クリックするだけです。現在選択して表示しているタブは、白く表示されています。

　不要なタブは、タブをマウスで指すと右側に［×］マークが表示されるので、それをクリックして削除してください。不要なタブをたくさん開いたままにしておくと、パソコンのメモリが無駄に使われてしまい、速度が低下することがあります。

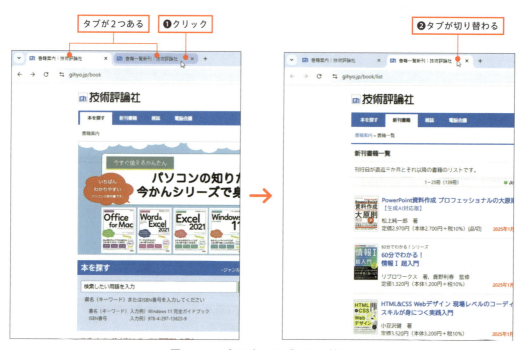

図 4-2-6　表示するタブの切り替え

なお、ホームページ上でリンクになっている部分を、マウスの右ボタンでクリックすると、図4-2-7のようなメニューが表示されます。ここから、リンク先を新しいタブや新しいウィンドウで開くことができます。

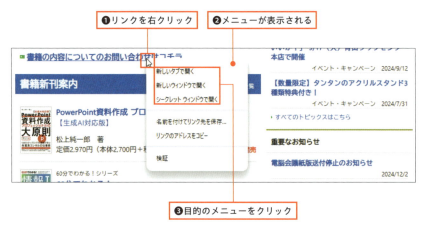

図 4-2-7　ショートカットメニューから表示方法を選択

キーワード検索のコツ

インターネットで情報を探すためには、検索機能を使います。検索サイトは、Google、Bing、Yahooなどいろいろありますが、ChromeはGoogleが作ったブラウザですから、Googleを使った検索になります。

情報検索の基本は、検索したい単語を入力するだけです。しかし、たとえば図4-2-8の例のように「格安ツアー」といった漠然とした単語で検索すると、検索結果にいろいろな種類の候補が混ざってしまいます。検索結果のリストは膨大な量なので、できるだけ目的に合ったページが先頭に集まるように検索を工夫する必要があります。

そのためには、複数の単語をスペースで区切って組み合わせてください。文章の形で質問を入力することもできますが、短い単語をスペースで区切ったほうが、文章にするより短くて簡単です。複数の単語を並べると、その中の多くが該当するものほどリストの先頭に集まるので、いわゆる「絞り込み検索」になります。

Chapter 04.

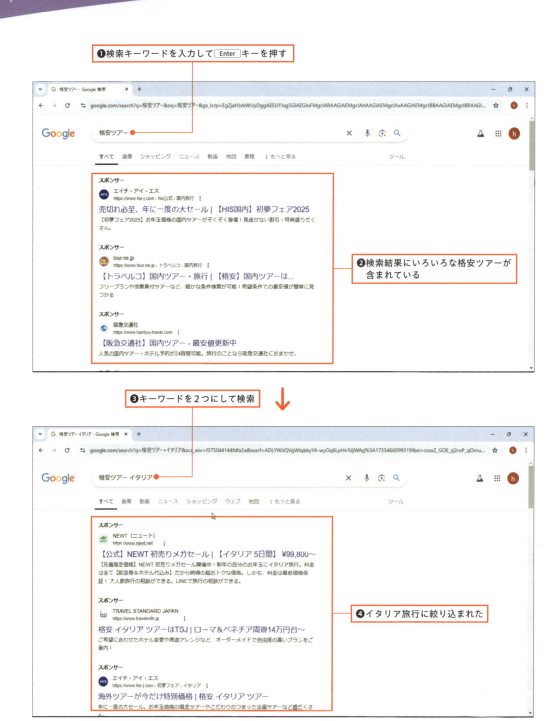

図 4-2-8　キーワードで検索

「お気に入り」に登録

あとでまた使う予定のあるホームページは、「お気に入り」に登録しておけば、いつでもワンタッチで開いて見ることができます。

登録の方法は簡単です。登録したいホームページを表示した状態で、右上にある［☆］アイコンをクリックしてください。すると［ブックマークを編集］というパネルが表示されるので、［名前］と［フォルダ］の2か所を確認して、［完了］ボタンをクリックします。

登録時に［名前］の部分を編集すると、「ブックマーク」を表示したときの文章を書き換えられます。そのままでいい場合もありますが、長すぎたりわかりにくい場合も多いので、必要に応じて編集してください。

もうひとつの［フォルダ］欄は、クリックしてリストを出すと、図4-2-10のように、登録先を「ブックマークバー」にできます。こうしておくと、登録したブックマークが画面上側に一覧表示されるので、利用しやすくなります。

なお、こうして登録してもブックマークバーが表示されない場合は、図4-2-10でやっているように、右側の［設定］ボタンをクリックしてメニューを出し、［ブックマークとリスト］にある［ブックバーを表示］をクリックしてみてください。

Chapter 04. インターネットの操作を身につける！

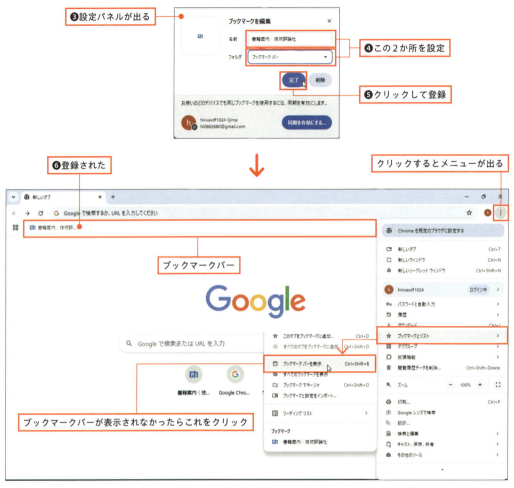

図 4-2-9　ブックマークを登録

> **MEMO**
>
> **人工知能で検索**
>
> Windowsには、Copilot（コパイロット）という名前のサポート用人工知能が組み込まれています。タスクバーの左側にある［コパイロット］のアイコンをクリックすれば、通常の文章の形で、いろいろな質問を入力できます。インターネット検索はもちろん、Windowsの使い方を質問したり、もっと漠然とした質問にも答えてくれます。活用してみるといいでしょう。

履歴機能の使い方

　前項の「お気に入り」は、自分で登録する機能です。それとは別に、「履歴」機能といって、一度見たホームページを自動的に記録していく機能も働いています。「以前に見た××のホームページをもう一度見たい」といった場合、履歴から探すことができます。

　履歴を見るためには、画面右上の［設定］ボタンをクリックしてメニューを出し、［履歴］の欄をマウスで指してみてください。図4-2-10のように、［最近使ったタブ］に履歴が表示されます。

　さらにさかのぼって詳しく履歴を見たい場合は、［最近使ったタブ］の上にある［履歴］をクリックします。すると次ページ図4-2-11のような履歴一覧の画面になり、何日もさかのぼって詳しい履歴を見ることができます。

図 4-2-10　履歴の表示

　図4-2-11のように、［履歴］で表示した一覧画面の左側を見ると、［閲覧履歴データを削除］という項目があります。これをクリックすれば、すべての履歴を消すことができます。プライバシーやセキュリティなどの理由で履歴を残したくない場合、これを使ってください。

あるいは、[履歴]画面に見えている各履歴項目の右側には、[設定]ボタンがあります。これをクリックすると短いメニューが表示され、その履歴項目だけ削除することもできます。

図4-2-11　履歴の削除

履歴をまったく残さないシークレットウィンドウ

履歴はプライバシーにかかわることがあるので、前項の最後で触れたように、履歴をクリアする機能があります。

それとは別に、そもそも履歴をまったく残さないでブラウザを使う、「シークレットウィンドウ」という機能も用意されています。借りたパソコンなので履歴を残したくない、といった場合に活用してください。

シークレットウィンドウを使うためには、画面右上にある[設定]ボタンをクリックし、表示されたメニューから[新しいシークレットウィンドウ]をクリックしてください。すると図4-2-12のように、「シークレットモードです」と表示されたブラウザが表示されます。

シークレットモードと表示されたブラウザは、使い方自体は普通と同じです。上側の検索欄にキーワードを入れて検索したり、URLを打ち込んで表示させたりできます。ブックマークバーがあればそれも表示されるので、普段使っているホームページにも簡単に移動できます。

図 4-2-12　シークレットモードで表示

Chapter 04. インターネットの操作を身につける！　　87

なお、シークレットウィンドウは「履歴を残さない」という機能なので、すでに記録されている履歴はそのままです。また、図4-2-13のように別のウィンドウで普通のChromeを開いている場合、そちらは履歴が残ります。

図 4-2-13　シークレットウィンドウと別ウィンドウの関係

「ホーム」の設定

「ホーム」というのは、ブラウザを開いたときに、最初に表示されているページのことです。ChromeではGoogleの検索ページになっていますが、たとえばいろいろなホームページを見た後でホーム画面に戻りたいといった場合、画面にホームボタンを表示しておくと便利です。

ホームを設定するためには、画面右上にある［設定］ボタンをクリックし、表示されたメニューから［設定］をクリックしてください。すると画面が切り替わるので、まず左側で［デザイン］という項目をクリックして選び、表示された設定画面で「ホームボタンを表示する」という機能をオンにします。これで、画面上側のツールバーに、［ホームページを開く］というアイコンが表示されるようになります。

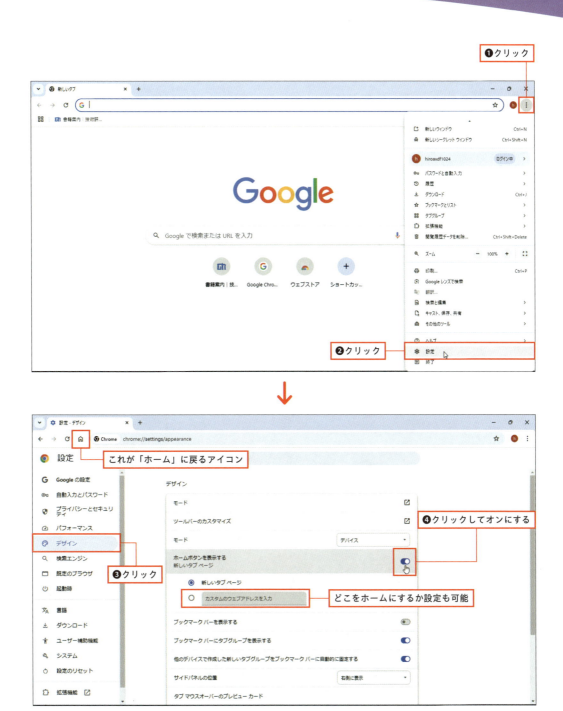

図 4-2-14　ホームの設定

Chapter 04　インターネットの操作を身につける！　89

Chapter 04.

Googleのいろいろなサービス

　Googleのホームページ右上に、小さな点が四角く並んだアイコンがあります。これをクリックするといろいろな機能が表示され、クリックして利用できます。機能はかなり多いので、下にスクロールして見てください。

　こうしたいろいろな機能のうち、**ニュース**や**マップ**は、Googleアカウントがなくても利用できます。**カレンダー**や**ドキュメント**、**スプレッドシート**といったサービスは、Googleアカウントが必要になります。アカウントの登録は無料ですから、登録しておくといいでしょう。

POINT

実用性の高いサービス

「ドキュメント」はマイクロソフトのWordのようなワープロ、「スプレッドシート」はExcelのような表計算、「スライド」はPowerPointのようなプレゼンテーションのソフトです。さらに、Web会議の「Meet」やコミュニケーション用の「チャット」、電子メールソフトの「Gmail」など、本格的な実用ソフトをすべて無料で使うことができます。

図 4-2-15　Google のいろいろなサービス（Google マップ）

　Googleアカウントがない場合、Googleアカウントが必要な機能、たとえば［Gmail］をクリックすると、図4-2-16のようにアカウントの作成画面になります。ここから簡単に、新しいアカウントを作成できます。機能によって、［ログイン］ボタンをクリックしてから新しいアカウントの作成になったり、［別のアカウントを使用］をクリックすると新規登録画面になるものもあります。

図 4-2-16　アカウントの作成画面

SNSで情報発信

　ブラウザというのは、もともとは「ホームページを表示して見る」というソフトでした。しかし現在では、インターネット上にはSNSや音楽配信など、いわゆるホームページ以外の情報やサービスがたくさんあります。現在のブラウザは、こうしたいろいろな種類の情報を利用できるようになっています。

　たとえば図4-2-17は、パソコンで表示したLINEのホームページです。スマホでLINEを使っている人は、スマホ側でパソコンと連携させる設定をすることによって、パソコンでもLINEのメッセージをやり取りできます。

　同様に、X（旧Twitter）やTikTokなど、さまざまな形での情報発信もできます。こうしたサービスは、パソコン用のアプリが用意されているものもあるので、インストールしておくと便利です。

図4-2-17　SNS（LINE）のパソコン用の画面

メールの操作を身につける！

5-1 メールの基礎知識

メールとは

　現在一般に「メール」と呼ばれているものは、「インターネットメール」のことです。「電子メール」、「e-mail（イーメール）」などという場合もあります。パソコンもスマホも共通で、インターネットを経由してメールをやり取りします。

　スマホ以前の携帯電話で使われていたメールは、インターネットメールではありませんでした。そのため初期のメールでは、契約している電話会社が異なるとやり取りできない、といった問題がありました。現在は、スマホもパソコンも同じ通信方式でインターネットにつながっているので、そうした問題はありません。

　電子メールというのは、パソコンやスマホなどで書いた手紙を、インターネットの通信機能で相手に送るシステムです。基本的には「文章」を送る機能ですが、「添付」という形で写真なども一緒に送れます。封筒の中には、便箋に書いた手紙以外にも、写真や資料などを同封できるわけです。

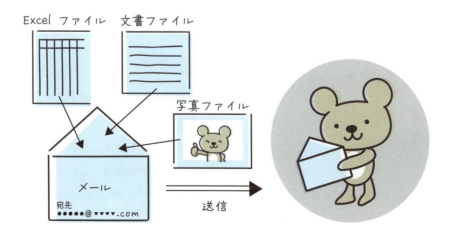

メールアドレスとは

　メールを利用するためには、宛先を指定する「メールアドレス」が必要です。郵便で手紙を送るのと同様に、インターネットのメールも、宛先がわからないと送れません。

　メールで使う宛先は、住所や氏名ではなく、全世界共通で使えるメールアドレスというものです。メールアドレスには必ず途中に＠がひとつあって、その＠によって2つの部分に分かれています。

〇△□△@xx.ne.jp

　メールアドレスの＠より左側、上記の例では「〇△□△」に相当する部分が、個人を示す「名前」です。そして＠から右側の「ドメイン名」と呼ばれる部分が、インターネット上の宛先になります。要するに

ということになります。

MEMO　電子メールは届く保証がない？！

インターネットを利用したメールは、原理的にいうと、確実に届く保証はありません。理論的には、メールを転送している途中で中継機器のトラブルがあると、そこで消失してしまう可能性があります。消えてしまったこともわかりません。通信環境の発達した先進国ではほとんど心配ありませんが、「原理的には消失する危険がある」というのは、ちょっと怖い話です。

この場合のドメイン名というのは、そのメールアドレスを管理している会社や組織を表す名前です。たとえばメールの宛先が「xxxx@docomo.ne.jp」なら、宛先のメールアドレスを管理しているのはdocomo、つまりdocomoのスマホ宛てのメールだということがわかります。

　また、差出人のメールアドレスが「xxxx@gmail.com」だったら、このメールアドレスを管理しているのは「gmail」、つまりGoogleのメールサービスを利用して送信していることがわかります。

　なお、メールアドレスを自分で決められるような場合、自由に決められるのは@の左側だけです。また、自由に決められるといっても無制限ではなく、次の表のような国際ルールがあります。

文字制限	256文字以内（ドメイン名も含む）
使用可能な文字	半角英数字 ※アルファベットの大文字も使用可能 ※日本語ドメインは、使用不可
使用可能な記号	. - _ $ = ? ^ ` { } ~ #
その他の禁止事項	先頭と末尾の「.」（ドット） 2個以上の連続した「.」（ドット） 2個以上の連続した「_」（アンダーバー） スペース（半角スペース） 記号のみ及び記号の連続で終わるアドレス アドレスの最初の文字が「#」 アドレスの1文字目が記号 「@」マークの直前が記号

> **POINT**
>
>
>
> **アドレスと国名**
>
> ドメイン名の末尾の部分は、そのドメイン名を管理している国名を表しています。日本の略字はjpなので、たとえば「.co.jp」は日本の会社、「.ne.jp」は日本のネットワークビス会社、「.go.jp」は日本の政府組織を表します。「.com」は、本来はアメリカの企業を表しているのですが、世界中に低価格でドメイン名の使用権を販売しているため、「.com」だけでは所属する国はわかりません。

メールの仕組み

　下のイラストは、スマホのGmailアプリでメールを作成し、それを○○○@×××.com宛てに送る、という場合の処理の流れです。

　アプリを利用して作ったメールは、Gmailを管理している「メールサーバー」という種類のコンピュータから、インターネット経由で送信されます。この場合のポイントは、送信の宛先は「○○○@×××.com」ではなく、「×××.com」宛てになっている点です。この「×××.com」というのは、@の右側が「×××.com」になっているメールすべてを担当するメールサーバーです。こうしてメールが「×××.com」に届いたら、「×××.com」のコンピュータが@の左側をチェックし、「○○○」という会員がいるかを調べます。その名前の会員がいれば、「○○○用メールボックス」という場所に受信したメールを保管して、受信完了です。あとは、宛先のメールアドレスを持っている人が、自分のパソコンでメールボックスをチェックし、メールが届いていればパソコンにコピーしてきます。これで、パソコンまでメールが届いたわけです。

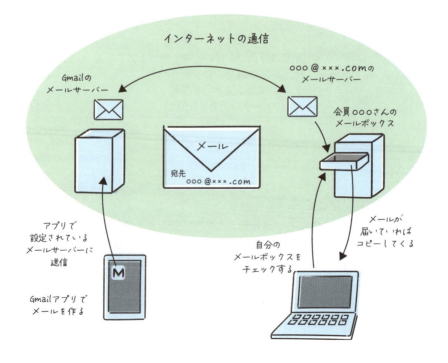

以上がメール送信の流れですが、ここでポイントは、メールはメールサーバーからメールサーバーに送られる、という点です。メールとしてインターネットを経由しているのはサーバー間の通信だけで、あとはスマホとサーバー、パソコンとサーバーという、1対1の通信なのです。

 ## メールソフトとWebメール

　メールを利用する場合、メールのためのソフトを使う方法と、ホームページ形式で利用するWebメールとがあります。
　ある程度大きな企業では、社内に専用のメールシステムがあり、Outlook（アウトルック）のようなソフトでメールをやり取りすることが多いと思います。Outlookというのは、メール機能のほか、カレンダーやスケジュール管理などを含んだ総合ソフトです。
　個人で手軽に使うには、ホームページ形式のWebメールが便利です。Webメールなら、パソコンからでもスマホからでも、どこからでも同じようにメールを利用できます。この後紹介するGmailは、Webメールの代表的なものです。

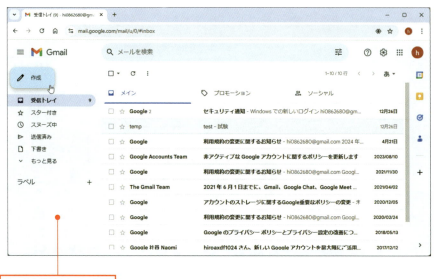

Gmailの受信トレイの画面

図 5-1-1　Chrome から Gmail を開いた画面

Chapter 05.

メールの操作を身につける！

5-2 メールソフト（Gmail）の基本操作

Gmailの起動

　Googleのホームページが表示されている場合は、図5-2-1のように、右上の小さな点が四角く並んだアイコンをクリックしてメニューを出せば、そこに「Gmail」があります。Googleにログインした状態になっていれば、アイコンをクリックするだけでGmailの画面になります。

　ログイン状態になっていない場合は、続けてログイン画面が表示されます。メールアドレスとパスワードを入力してください。Gmailは、標準の状態では、ログインに使ったメールアドレスで送受信するようになっています。

　Googleのアカウントを持っていない場合は、ログインの画面になったところで［アカウントを作成］という表示をクリックすれば、その場で新規作成できます。

図 5-2-1　Gmail の起動

別の方法として、インターネットでGmailのホームページを検索して移動すると、図5-2-2のような画面が表示されます。図の例ではブラウザとしてChromeを使っているので、ChromeのほうでGoogleにログインした状態になっていれば、画面の上側にある［ログイン］をクリックするだけでGmailの画面になります。
　ログイン状態になっていない場合は、［ログイン］をクリックすると、メールアドレスとパスワードの入力になります。Googleアカウントを持っていない場合は、ここで［アカウントを作成］をクリックしてください。

図 5-2-2　Gmail にログインまたはアカウントの作成

Gmailの基本画面

　図5-2-3がGmailの基本画面です。左側で「受信トレイ」が選択されていて、受信したメールの一覧が表示されています。使っているとメールのリストが長くなるので、通常はメールリストの右側にスクロールバーが表示されています。
　画面の左側には、「受信トレイ」のほかにもいくつかの項目が並んでいます。たとえばここで「送信済み」という項目をクリックすれば、自分が送信したメールの一覧に切り替わります。

Chapter 05.

図 5-2-3 　Gmail の基本画面

メールの作成と送信

　新しくメールを作って送信するためには、Gmailの画面左上にある［作成］ボタンをクリックします。すると画面右下に新規メールを作成するための編集パネルが表示されるので、ここで、宛先、タイトル、本文などを入力してメールを作成してください。

　なお、この新規メール作成パネルは、ウィンドウのような移動やサイズ変更はできません。

　メールが完成したら、左下の［送信］ボタンをクリックすれば送信されます。送信せずにやめる場合は、作成画面右上の［閉じる］ボタンで閉じてください。

図 5-2-4　メールの作成と送信

MEMO　**メール作成用のウィンドウ**

新規メール作成用のパネルは画面右下に固定されており、ちょっと使いにくいことがあります。そんな場合は、Shift キーを押しながら［作成］ボタンをクリックしてください。メール作成パネルがウィンドウ形式で表示され、自由に移動やサイズ変更できます。

Chapter 05.　メールの操作を身につける！　101

受信メールの確認

　Gmailの基本画面には、受信したメールのタイトル（件名）と、本文の一部が一覧表示されています。
　この中のメールを選んで見るためには、見たいメールをクリックしてください。図5-2-5のように、そのメールが表示されます。

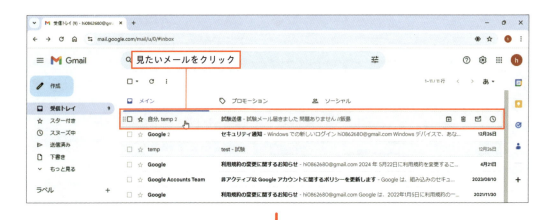

図 5-2-5　受信メールの確認

図5-2-5でメールを表示した画面をよく見ると、メールが2つ見えています。
　図5-2-5の最初に一覧からクリックしたのは、「試験送信」に対する「試験メール届きました…」という返信メールです。図5-2-5で表示しているのは「受信トレイ」ですから、一覧は受信したメールであり、自分が送信したものは表示されていません。しかし、クリックしてメールを表示した画面では、返信の上にこちらが送信したメールまで見えています。
　こうした表示を「**スレッド表示**」といい、自分の送信と相手からの返信が、交互に並んで表示されていくようになっています。Gmailでは、標準の状態で、このスレッド表示に設定されています。

受信トレイの表示レイアウトの変更

　受信トレイの表示レイアウトを変更したり、メールを開いて表示したときのスレッド表示をやめたいような場合は、Gmail画面の右上にある［設定］ボタンを使います。これをクリックすると設定パネルが表示され、スクロールして見ていくと、受信トレイのレイアウト変更などの項目が出てきます。

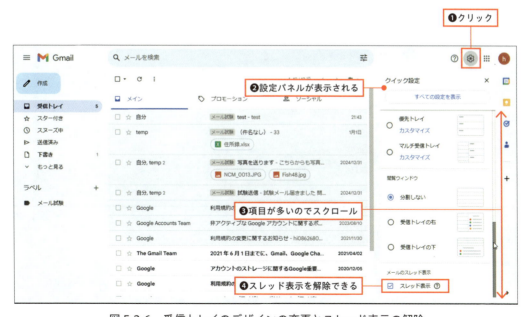

図5-2-6　受信トレイのデザインの変更とスレッド表示の解除

受信メールへの「返信」

　届いたメールに返信したい場合は、受信トレイの一覧からそのメールをクリックして、表示してください。すると、下側に［返信］というボタンがあります。

　［返信］ボタンをクリックすると、返信メールの編集パネルが表示されます。そこで文章を作り、下側のボタンで［送信］してください。

　なお、返信文章にタイトル（件名）の欄がありませんが、受信したメールへの返信の場合、自動的に「Re: 受信メールの件名」という形になります。変更したい場合は、返信メール編集パネルの左上角にある［返信の種類］ボタンをクリックしてください。短いメニューが表示され、その中に［件名を編集］があります。

一覧から返信したいメールをクリックして表示した画面

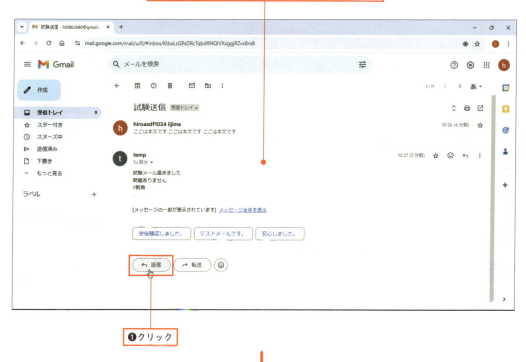

❶クリック

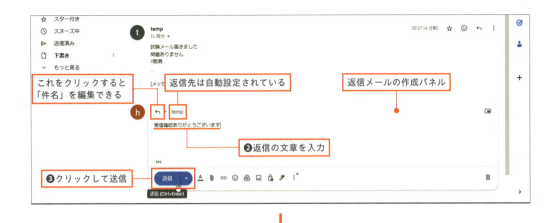

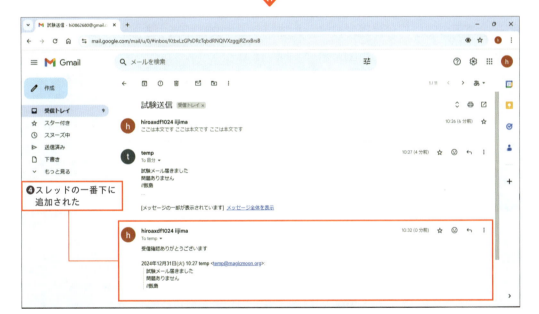

図 5-2-7　受信メールへの返信

返信メール作成欄が狭い

返信メールの作成欄は、スレッド表示の一部になるようにレイアウトされるため、ちょっと小さくなっています。もっと大きく表示したい場合は、Shift キーを押しながら［返信］ボタンをクリックしてください。新規作成パネルと同じような形になります。

Chapter 05. メールの操作を身につける！　　105

受信メールの「転送」

　受信したメールをそのまま誰かに送ることを、「転送」といいます。転送は前項の返信とほぼ同じで、受信トレイの一覧から転送したいメールを選んでクリックしたら、画面一番下にある［転送］ボタンをクリックしてください。

　［転送］ボタンをクリックすると、画面下側に転送メールの編集画面が表示されます。ちょっと狭く表示されるかもしれませんが、下にスクロールして見ると、大きく表示されます。転送する元のメールが大きい場合、転送メールも1画面に収まらないことがあります。

　転送メールの編集画面では、まず、一番上に転送先のメールアドレスを入力します。その下の空白部分は通常のメールでいうと本文に相当する部分なので、転送にあたってのメッセージを自由に書いて構いません。

　自分でメッセージを書く欄の下側に、転送するメールが表示されています。メールが大きいと、スクロールして見るようになります。

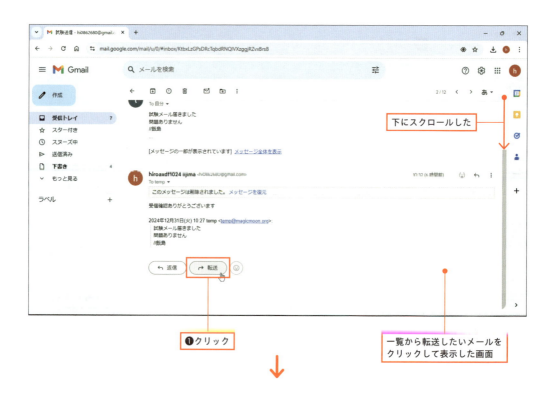

106　2冊目　インターネット＋メール入門

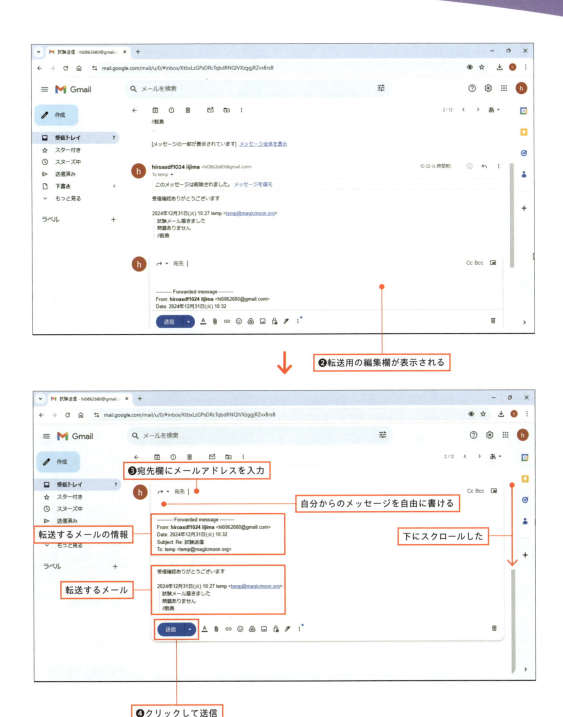

図 5-2-8　受信メールの転送

メールの検索

受信したメール一覧から何か特定のメールを探したい場合は、受信トレイの上側にある、［メールを検索］欄を活用してください。ここにキーワードを入力すると、該当するものがあれば、検索欄のすぐ下に一覧表示します。

一覧表示された該当メールは、クリックすれば表示できます。

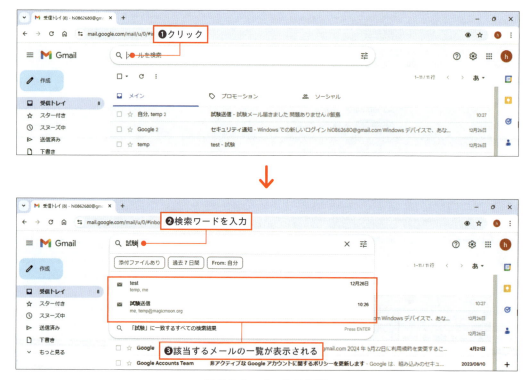

図 5-2-9　メールの検索

メールの削除

メールを削除する最も簡単な方法は、受信トレイのメール一覧で、削除したいメールをマウスで指してください。図5-2-10のように、その行の右側にアイコンがいくつか表示されます。その中のゴミ箱の形をしたアイコンをクリックすれば、そのメールが削除されます。

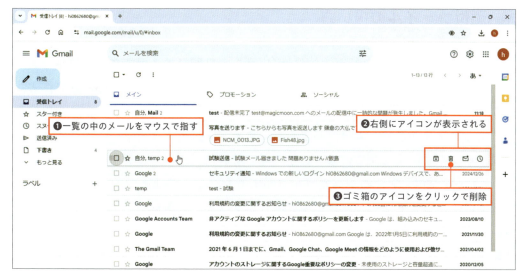

図 5-2-10　メールの削除

　いくつかまとめて削除したいような場合は、受信トレイの一覧で、左側のチェック欄を使います。削除したいメールの□をクリックし、チェックマークを付けてください。そうしておいて、上側にあるゴミ箱の形をした［削除］のアイコンをクリックすれば、まとめて削除できます。

図 5-2-11　メールをまとめて削除

Chapter 05.　メールの操作を身につける！　　109

添付ファイルの扱い方

　インターネットメールは、基本的には、文章をやり取りする機能です。文章はメールの本文に書けばいいのですが、文章以外もの、たとえば画像とかExcelで作った表などは、メールに「ファイルを添付する」という形で送ります。パソコンに保存してあるファイルなら、中身が何でも添付できます。

　ファイルを添付するためには、とりあえず普通に新規メールを作成して、下側の［ファイルを添付］アイコンをクリックしてください。するとファイルを探す画面になるので、ここで目的のファイルを探してクリックで選択し、下側の［開く］ボタンをクリックします。

　以上の操作で、作成中のメールの下側に、添付ファイルの名前とサイズが表示されます。同様な操作を繰り返し、複数のファイルを添付することもできます。

　ファイルを添付したら、あとは普通のメールと同じです。宛先や件名、本文などを確認し、下側の［送信］ボタンで送信してください。

110　2冊目　インターネット＋メール入門

図 5-2-12　メールにファイルの添付

　送信とは逆に、自分宛てに何かを添付したメールが届いた場合、そのメールをクリックして表示して見てください。図5-2-12のように、本文下側に添付ファイルのファイル名が表示されます。

　添付ファイルが写真ならそのまま写真が見えますし、Wordの文書やExcelで作った表なら、文書や表が画像のように小さく表示されます。添付ファイルの種類によっては、アイコン表示になることもあります。添付されているものをクリックすれば、一時的に大きく表示して見ることができます。

　添付されている写真やExcelの表などを、もとのようにファイルとして保存したい場合は、添付されているものをマウスで指してみてください。図5-2-13のようにアイコンが重なって表示されるので、左端の［ダウンロード］ボタンをクリックします。これで、メールサーバーから自分のパソコンに、ファイルがコピーされてきます（96ページ「メールの仕組み」参照）。

　このダウンロードの操作でファイルが保存される場所は、Chromeの標準設定のままだと、「ダウンロード」という場所になっています。ファイル管理用のエクスプローラーを開いて見ると、左側に［ダウンロード］という表示があるので、それをクリックしてください。画面右側に、ダウンロードしたファイルが表示されると思います。

Chapter 05.　メールの操作を身につける！　　111

Chapter 05.

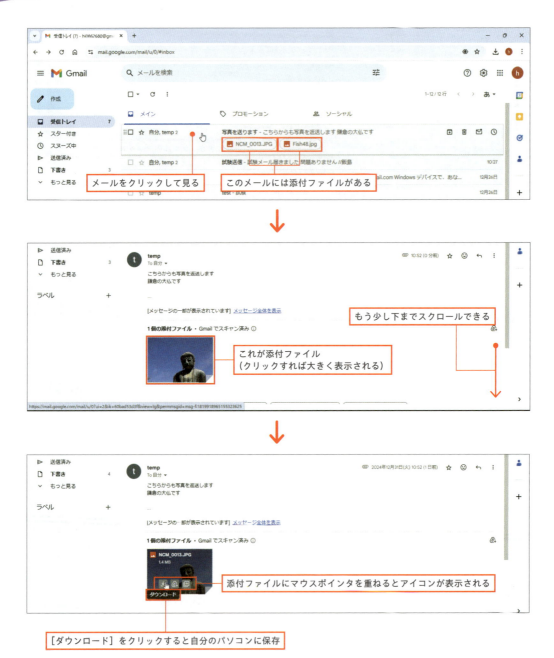

図 5-2-13　添付ファイルの確認

2冊目　インターネット＋メール入門

下書きメールの処理

　Gmailでは、新規メールを作っているとき、自動的に「下書き」として保存されています。そして作成したメールを送信すれば、下書きは削除されます。

　しかし、メールの作成を途中でやめて、作成画面右上の［×］ボタンで閉じたように場合、閉じる時点の内容がそのまま［下書き］に残ります。後で続きを書いて送信といった使い方もできますが、しばらくGmailを使っていると、途中でやめた下書きがたくさん残っていたりします。

　不要な下書きを削除したい場合は、Gmailの画面左側で［下書き］をクリックし、一覧を出してください。ここで不要な下書きにチェックを付ければ、上側にある［下書きを破棄］で削除できます。［下書きを破棄］の左側にあるチェック欄を使えば、全項目まとめてチェックを付けたり消したりできます。

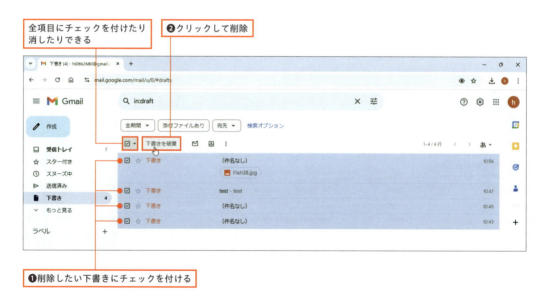

図 5-2-14　下書きメールの削除

サービスの「メール容量」

　着信したメールは、削除しなければどんどんたまっていきます。メールを保存できる容量は限られているので、不要のメールは削除するようにしましょう。特に添付ファイルのあるメールは、文章だけのメールよりサイズが大きいので、ときどき整理したほうがいいでしょう。メールの削除については、108ページを参照してください。

　Gmailのサービスは、Googleが提供する「Googleドライブ」と「Googleフォト」というサービスと合わせて、合計で15GB（ギガバイト）の容量を利用できます。Gmailであまり容量を使っていなくても、他のサービスで場所を取っていれば、容量不足でメールが着信できなくなることもあります。

　現時点で使用できる容量は、受信トレイの一覧を一番下までスクロールすると、そこに表示されています。これは、3つのサービスを合計した使用量です。

図 5-2-15　Google サービスの使用量

114　2冊目　インターネット＋メール入門

メールの操作を身につける！

5-3 メールソフト（Gmail）の活用操作

複数人に同時にメールを送信

ひとつのメールを複数の人に送りたい場合、

CC　…　Carbon Copy
BCC　…　Blind Carbon Copy

という2つの機能のいずれかを使います。どちらも「カーボンコピー」、つまりメールを複製して複数の宛先に送る機能ですが、BCCのほうを使うと「ブラインド」、つまり送付先のアドレスを隠すことができます。

　CCや**BCC**の欄は、図5-3-1のように、新規メール作成画面右上にある「CC」や「BCC」をクリックすると表示されます。本来の「宛先」に加えて、これらの欄に書いたアドレスにもメールが送信されるわけです。

　なお、「CC」や「BCC」に複数のメールアドレスを書きたい場合は、半角の,（カンマ）で区切って書いてください。

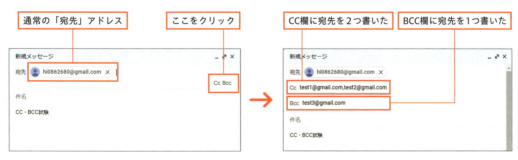

図 5-3-1　CC や BCC の設定

図5-3-1では、通常の宛先アドレスがひとつ、CCアドレスが2つ、BCCアドレスが1つで、合計4つの宛先に同じメールを送ることにります。

このメールを受信したのが図5-3-2です。図のように受信したメールを表示した状態で、差出人の名前の下にある［▼］をクリックすると、このメールの宛先一覧が表示されます。

メールの宛先は、通常は［To］の欄にひとつだけです。この［To］の欄がメールを作成したときの「宛先」に対応します。そして、このメールではCCとして2つのアドレスを設定して送信したので、図5-3-2の［▼］をクリックして表示したリストで、［To］の下に［Cc］という見出しでアドレスが2つ表示されています。このメールが、自分だけでなく、あと2か所に送信されたことがわかります。

図 5-3-2　CC 欄や BCC 欄の表示のされ方

図5-3-1と図5-3-2を比べてみると、送信したメールにはBCC欄にメールアドレスがありますが、受信したメールの宛先リストはCCだけで、BCCは表示されていません。受信メールに表示されないのが「BCC」なのです。

なお、CC欄はメールを送った相手すべてに表示されるため、状況によっては、他人のメールアドレスを他の人に公開してしまうことになります。CC欄は、そうした点にも注意して使ってください。

メール本文への書式設定

　メールの本文は、文字サイズや書体、文字の色など、ワープロのようにいろいろな飾りを設定することができます。

　そのためには、飾りを設定したい文字を選択しておいて、作成画面下側のツールバーから機能を選んでください。Bは太字、Iは斜体、Uは下線です。色指定の右隣にあるアイコンを使うと、中央揃えなどの配置も設定できます。あるいは、ツールバー左端の「Sans Serif」と書いてあるところをクリックすると、表示されたリストからフォントを選択できます。

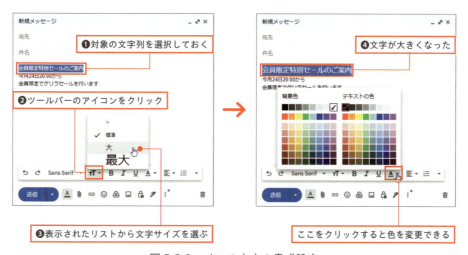

図 5-3-3　メール本文の書式設定

　ここで紹介したようにいろいろな飾りを設定できるメールを、「**リッチテキストメール**」とか「**HTMLメール**」と呼びます。それに対して、飾り的な機能は一切使えず、純粋に文字を書いておくことしかできない、「**プレーンテキストメール**」というものがあります。ビジネスメールの大半は文字を書くだけなので、プレーンテキストでいいわけです。

　実は、飾りを設定できるHTMLメールは、技術的には、コンピュータウイルスを組み込むことが可能です。そういうリスクを避けるために、添付ファイル以外にはウイルスの組み込みが不可能な、プレーンテキストでメールを送ることが、セキュ

リティ的には推奨されます。

　プレーンテキストメールにするためには、飾り機能を使わないというだけではいけません。図5-3-4のように、メールの作成画面で「**プレーンテキストモード**」にしておく必要があります。

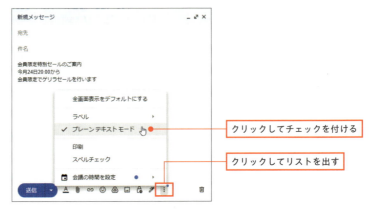

図 5-3-4　プレーンテキストモードの設定

「署名」の設定

　「**署名**」の機能を使うと、新規メール作成する際、末尾に自分の名前やメールアドレス、電話番号やホームページのURLなど、あらかじめ自分で作っておいた情報を自動挿入できます。

　Gmailで署名を作るためには、図5-3-5のように、Gmailの画面右上にある［設定］から作成画面を呼び出します。署名を作成したら、そのまま下にスクロールして、［変更を保存］をクリックしておいてください。これを忘れると、せっかく作った署名が保存されません。

　なお、署名は何種類も作っておいて、相手によって使い分けることができます。それで、図5-3-5のように新しく署名を作る際、「新しい署名に名前を付ける」という作業があるわけです。

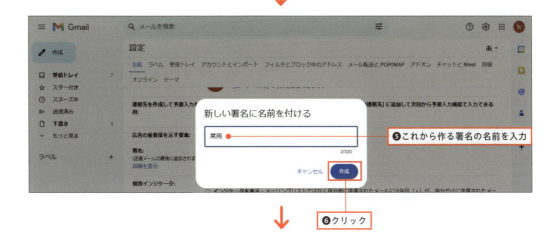

Chapter 05. メールの操作を身につける！　119

Chapter 05.

図 5-3-5　署名の設定

MEMO

署名に記す情報

ビジネスメールの署名には、次のようなものを並べます。ちょっと項目が多いので、上下を＝や－などを並べた線で区切ったりします。

会社名　所属部署名　役職　氏名　会社住所

電話番号　メールアドレス　Web サイト URL　SNS

こうして署名を作成しておくと、図5-3-6のように新規メールを作ろうとしたときに、本文下側に署名が自動的に入ります。この署名の上側に、本文を作ればいいわけです。

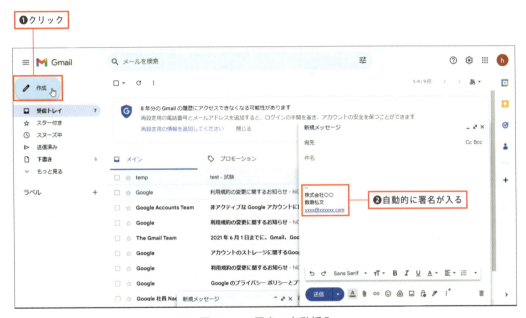

図 5-3-6　署名の自動挿入

アーカイブでメールを保存

　アーカイブというのは、受信したメールを、受信トレイから他の場所に移動してしまう機能です。削除するわけではなく、ちゃんと表示して見ることもできますし、必要なら受信トレイに戻すこともできます。
　Gmailを日常的に使っていると、受信トレイのメールがどんどん増えていきます。不要なものは削除すればいいのですが、「残しておきたいが日常的に使うわけではない」といったメールは、アーカイブしておくといいでしょう。
　メールをアーカイブするためには、受信トレイでアーカイブしたいメールにチェックを付けて、上側にある［アーカイブ］アイコンをクリックするだけです。それで受信トレイの一覧から消え、アーカイブという状態での保存になります。

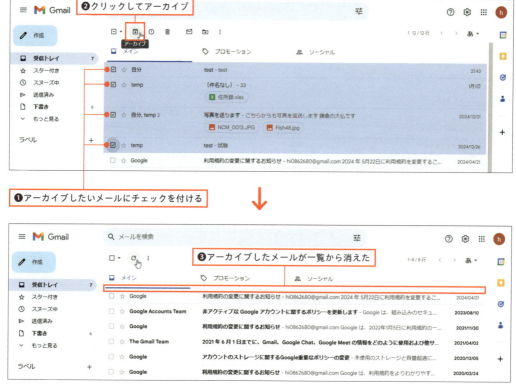

図 5-3-7 メールのアーカイブ保存

　アーカイブしたメールを見たい場合は、Gmailの画面左側にある［すべてのメール］を選択します。この項目は普段は見えていないので、先に［もっと見る］をクリックして、全項目が見えるようにしてください。

　表示を［すべてのメール］にすれば、受信トレイにあるものや下書きメールなども含めて、Gmail内のすべてのメールが一覧表示されます。受信トレイにあるメールには［受信トレイ］、下書きには［下書き］と書いてあります。アーカイブされたメールには、そうした特別な表示はありません。

　Gmailの画面には、上側に［メールを検索］という欄があります。［すべてのメール］の状態で検索機能を使えば、アーカイブしたメールも検索して表示できます。

　アーカイブしたメールを受信トレイに戻したい場合は、［すべてのメール］の一覧で受信トレイに戻したいメールを選択し、上側にある［受信トレイに移動］をクリックしてください。ワンタッチで受信トレイに戻せます。

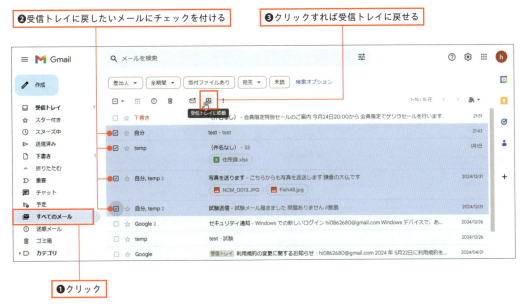

図 5-3-8　アーカイブしたメールの受信トレイへの戻し方

ラベル機能の活用

　ラベルというのは、メールを管理する機能のひとつです。たとえばひとつの用件に関してメールを何度かやり取りした場合、それらのメールに「××の件」といったラベルを設定しておけば、簡単に同じラベルの付いたメールの一覧を表示できます。ひとつのメールに複数のラベルを設定することもできるので、いろいろ応用ができるでしょう。

　メールにラベルを設定するためには、先にラベルを作って登録しておく必要があります。そのためには、Gmailの画面左側で［もっと見る］をクリックして全項目を表示させ、下のほうにある［新しいラベルを作成］をクリックしてください。するとラベル名を入力する画面になるので、ラベルとして使いたい言葉を入力します。これだけで、新しいラベルをGmailに登録できます。

図 5-3-9　新しいラベルの設定

　ラベルを登録したら、それをメールに設定します。ラベルを付けたいメールを選択しておいて、上側の［その他］ボタンをクリックしてください。表示されたメニューに［ラベルを付ける］があり、マウスで指してみると、作成済のラベル一覧が表示されます。ここで、設定したいラベルにチェックを付けてください。

　ラベル一覧で、複数の項目にチェックを付ければ、ひとつのメールに複数のラベルを付けることもできます。

　ラベルを選択したら、下側の［適用］をクリックしておいてください。

図5-3-10では複数のメールを選択して一括設定していますが、もちろんひとつひとつやっても構いません。

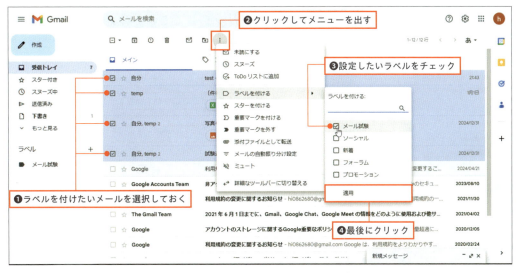

図 5-3-10　メールへのラベルの設定

　ラベルを設定したら、Gmailの画面左側を見てください。一番下の［ラベル］欄に、自分の作ったラベルが表示されています。これをクリックすると、そのラベルの付いたメールだけの一覧を表示できます。

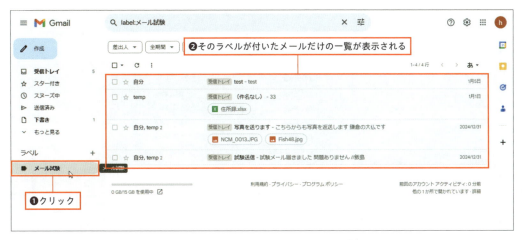

図 5-3-11　ラベルの付いたメール一覧

メールに付けたラベルを解除したい場合は、設定したときと同様にラベルのリストを出し、チェックを消して「適用」します。
　あるいは、図5-3-12のようにラベルの付いたメールを表示している状態で、上側に表示されているラベル右側の［×］をクリックしても、そのメールからラベルを削除できます。

図5-3-12　メールからラベルの削除

　登録したラベル自体を削除したい場合は、Gmailの画面左側で［もっと見る］をクリックして全項目を表示し、下のほうにある［ラベルの管理］をクリックしてください。すると図5-3-13のような画面になり、一番下に自分で登録したラベルがあります。ラベル右側の［削除］をクリックすれば、このラベルを削除できます。

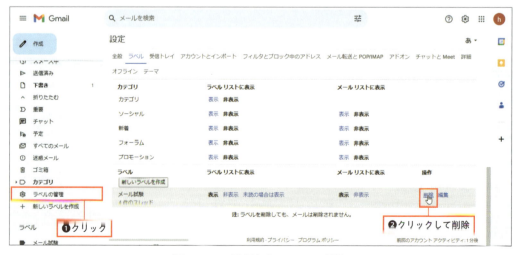

図5-3-13　登録したラベルの削除

迷惑メールの削除

　Gmailには迷惑メールフィルタがあり、迷惑メールと判断されたメールは、自動的に迷惑メール専用のフォルダに入るようになっています。いきなり削除するわけではないので、図5-3-14のように左側で［迷惑メール］をクリックすれば、表示して確認できます。

　なお、［迷惑メール］の項目は普段は表示されていないので、［もっと見る］をクリックして全項目を出してください。

　図5-3-14のように迷惑メール一覧を出した状態で上側を見ると、「迷惑メールをすべて削除」という表示があります。これをクリックすると、迷惑メールをすべて削除して、フォルダを空にできます。迷惑メールはかなりの速さで溜まっていくので、ときどき整理しておくといいでしょう。

図 5-3-14　迷惑メールの削除

　迷惑メールはGmailが判断しますが、場合によっては、必要なメールが迷惑メールと判断されてしまうことがあります。届いているはずのメールが受信トレイになかったら、迷惑メールのほうも確認してください。

必要なメールが迷惑メールと判断されていたら、そのメールをクリックして開き、上側にある［迷惑メールではない］をクリックしてください。これで、メールが受信トレイに移動します。

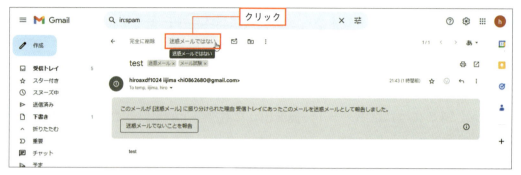

図 5-3-15　迷惑メールから受信トレイへの移動

添付ファイルの圧縮

　メールに写真やExcelの表などを添付して送る場合、数が多かったりサイズの大きなものがある場合は、メールに添付する前に、「圧縮してひとつにまとめる」という操作をしておくといいでしょう。

　複数ファイルをまとめて圧縮するためには、エクスプローラーで目的のファイルを表示し、すべて選択しておきます。

　目的のファイルを選択したら、選択した部分を右クリックし、メニューを表示します。メニューの［圧縮先］をマウスで指すと、圧縮方式の一覧が表示されます。Windowsは標準の機能でZIPファイルを扱えるので、ここでは［ZIPファイル］にしておきます。

　メニューで[ZIPファイル]をクリックすると、すぐに圧縮処理が始まります。データ量が少なければ一瞬で終わりますが、データ量が多いと少し待たされることもあります。

　圧縮処理が終わると、ノノスノ　で閉じたノイコンが表示されます。これが「圧縮ファイル」を表しています。作成された直後はファイル名を編集できる状態になっているので、内容がわかりやすい名前に変更しておくといいでしょう。

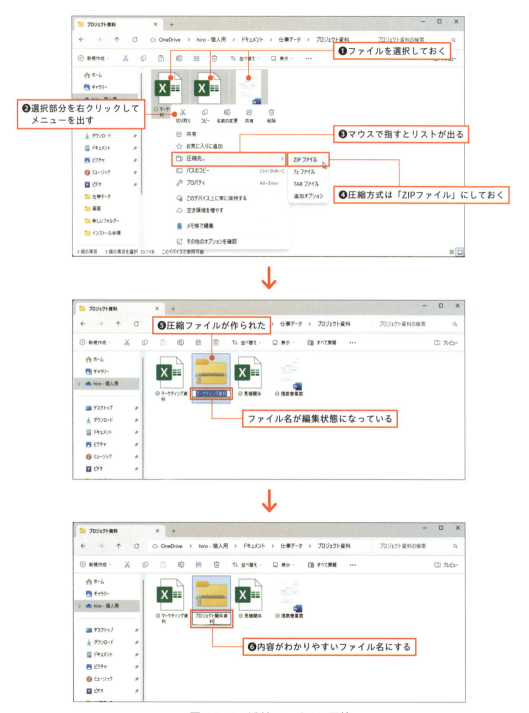

図 5-3-16　添付ファイルの圧縮

Chapter 05.

添付されてきた圧縮ファイルの扱い方

　受け取ったメールに圧縮ファイルが添付されていたら、とりあえずダウンロードし、自分のパソコンに保存してください。圧縮ファイルを保存したら、圧縮を解除し、元のようにばらばらのファイルに戻します。

　そのためには、圧縮ファイルを右クリックしてメニューを出し、［すべて展開］を選んでください。すると保存場所の指定になりますが、変更せずに［展開］ボタンをクリックすれば、圧縮ファイルと同じ場所に同じ名前でフォルダが作られます。

　こうして作られたフォルダには、圧縮を解除した元のファイルが入っています。あとは、普通のファイルとして利用すればいいわけです。

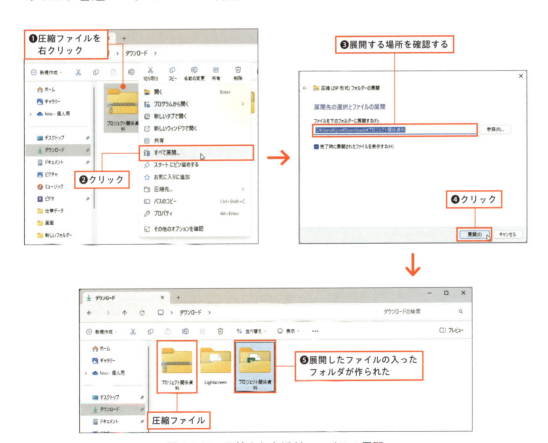

図 5-3-17　圧縮された添付ファイルの展開

3冊目

オンラインミーティング入門

Chapter 06.
オンラインミーティングの操作を身につける！

Chapter 06.

オンラインミーティングの操作を身につける！

6-1 オンラインミーティングの基礎知識と準備

Web会議サービスとは

　以前からある「テレビ会議」というシステムは、専用の通信回線や高画質のカメラ、大型ディスプレイやプロジェクターなどの高額な機器を使用し、常設のテレビ会議室などに機器を設置して使用しています。

　それに対してWeb会議というのは、パソコン内蔵のカメラやマイクを使い、インターネットを利用して相互に接続するという、きわめて安価で手軽な会議システムです。必要なのはカメラとマイクとインターネットですから、スマートフォンやタブレットで参加することもできます。

　実際にWeb会議を行うためには、インターネット上の「Web会議サービス」を利用します。そのための専用アプリをインストールして使いますが、インターネット上のサービスですから、ブラウザだけでも利用可能です。

　Web会議サービスにはいろいろな種類がありますが、本書で紹介する「ZOOM（ズーム）」、Googleが提供している「Meet（ミート）」、マイクロソフトが提供している「Teams（チームズ）」などが有名です。これらのサービスは、各種有料プランのほかに無料プランもあり、多少機能が制限されますが、小規模で比較的短時間のWeb会議なら、無料プランでも十分実用になります。

　なお、ZOOMのアプリはホームページからダウンロードする必要がありますが、マイクロソフトのTeamsは、マイクロソフトの製品であるWindowsに入っているので、スタートメニューから選ぶだけでアプリが起動します。またGoogleのMeetは、通常のGoogleホームページに、マップ、カレンダーなどと並んで、サービスのひとつとして入っています。

ZOOMの基礎知識

　ZOOMのホームページにある料金表（https://zoom.us/pricing）を見ると、図6-1-1のように、「ベーシック」プランは無料になっています。会議時間が最大40分と制限されていますが、参加者は100人まで対応できるなど、十分な機能があります。

　本書では、無料の「ベーシック」プランを使って進めていきます。

図 6-1-1　ZOOM の各種プラン

　無料プランを最も簡単に使うなら、アカウントの登録も専用アプリのインストールも必要ありません。他の人が主催している会議に参加するだけなら、登録なしでブラウザから参加できるようになっています。

　しかし、自分で会議を主催したり、いろいろな機能をフルに使うためには、事前にアカウントを取得し、さらに専用のアプリをインストールしておく必要があります。もちろん、アカウントの取得もアプリのインストールも無料です。

Chapter 06.

アカウントの取得方法

　まず、ZOOMの無料アカウントを取得しておきましょう。そのためには、図6-1-2のように、ZOOMのホームページ（https://www.zoom.com/ja）で、右上の［無料でサインアップ］をクリックしてください。あとは画面の指示に従って順次情報を入力していくと、アカウントを取得できます。この場合のアカウントというのは、自分で登録したメールアドレスとパスワードです。このメールアドレスには、登録中に確認のメールが届くので、必ずすぐに確認できるメールアドレスを使用してください。

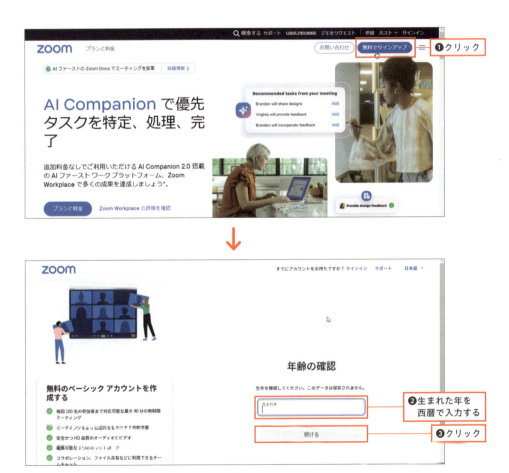

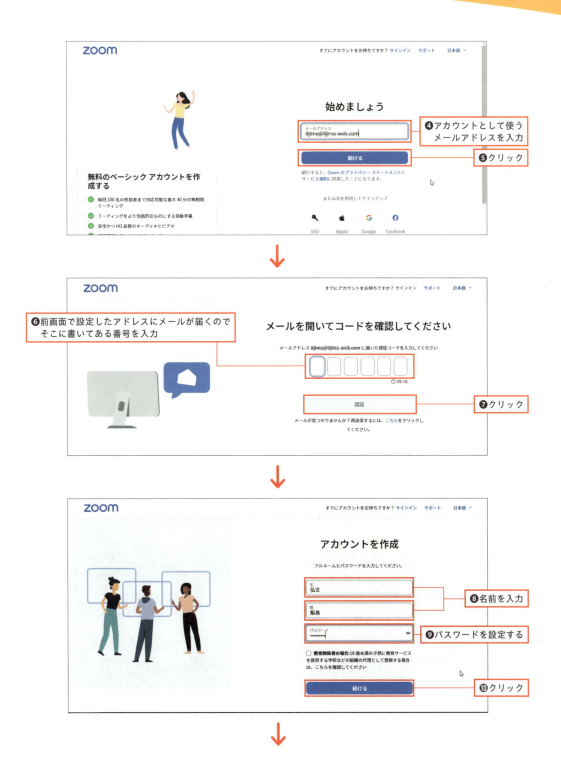

Chapter 06. オンラインミーティングの操作を身につける！

図 6-1-2　アカウントの作成

ZOOMアプリのインストール

アカウントを取得したら、次にZOOMのアプリをインストールしておきましょう。アプリはZOOMのホームページ（https://www.zoom.com/ja）からダウンロードし、それを実行してインストールします。

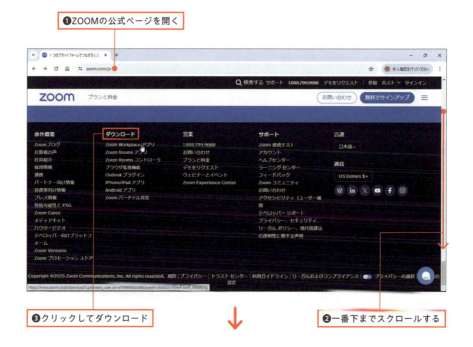

図 6-1-3　ZOOM アプリのインストール

Chapter 06　オンラインミーティングの操作を身につける！　137

テストサイトで環境をチェック

　ZOOMのホームページには、テスト用のミーティングが用意されています。アカウントを取得してアプリをインストールしたら、この**テストサイト**（https://www.zoom.us/test）に接続して、マイクやカメラなどを確認しておくといいでしょう。

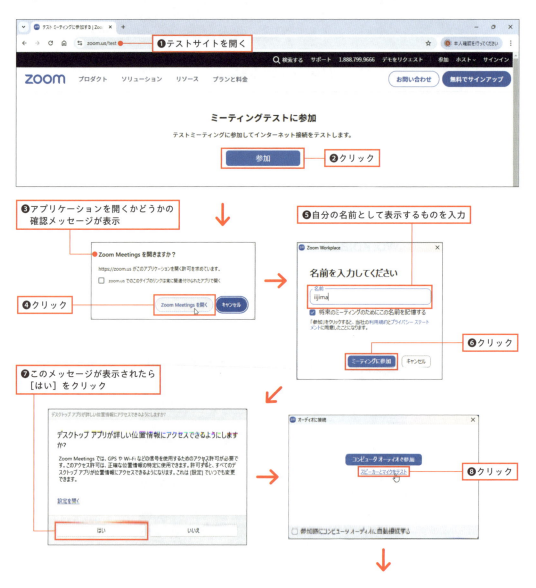

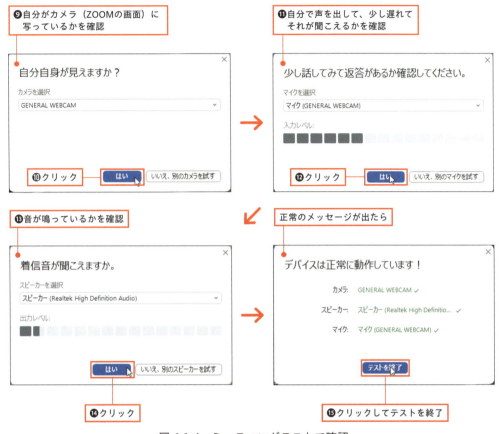

図 6-1-4　ミーティングテストで確認

MEMO

偽アプリに注意！

ZOOM アプリには、サポート詐欺のプログラムやウイルスなどが組み込まれた、偽アプリの存在が確認されています。ZOOM アプリはいろいろな場所からダウンロードできるのですが、安全のために、ここでやっているように ZOOM の公式ページからダウンロードしたほうがいいでしょう。

Chapter 06　オンラインミーティングの操作を身につける！　　139

Chapter 06.

オンラインミーティングの操作を身につける！

6-2 ZOOMによるオンラインミーティング

ミーティングの主催

　Web会議では、その会議を招集した「主催者」と、主催者の招集に応じて参加している「参加者」という、明確な役割の違いがあります。主催者は、参加者のマイクや映像を一時的にオフにするなど、会議運営上の権限を持っています。

　自分が主催者として会議を招集する場合、自分のパソコンで会議を開始しておき、その会議の接続情報を参加予定者にメールなどで送って招待する手順になります。

　なお、自分が主催者としてZOOMを使うためには、あらかじめアカウントを取得しておく必要があります。あわせて、ZOOMアプリもダウンロードしてインストールしておきましょう。

　ミーティングを主催して会議を始める手順としては、まず、スタートメニューやデスクトップアイコンなどからZOOMアプリを起動します。すぐに会議を始める場合は、ZOOMアプリで［新規ミーティング］を選んでください。

　［新規ミーティング］をクリックすると、会議が始まります。まだ自分だけしか参加していない状態なので、次項のように参加者を［招待］し、会議が始まります。

ミーティングを主催するには
アカウントが必要！

図 6-2-1　ZOOM アプリの起動

>
> **MEMO**　**サインインを求められたら**
>
> ZOOM を起動したときにサインインを求める画面が出ることがあります。登録したアカウントでサインインを行ってください。ミーティングに参加するだけであれば［ミーティングに参加］ボタンで ZOOM を起動しても大丈夫です。

Chapter 06　オンラインミーティングの操作を身につける！　　141

参加者をミーティングに招待

　前項のようにして主催会議が始まったら、参加予定者を会議に招待しましょう。
　ZOOMの会議中画面では、マウスポインタを画面の下側に移動すると、図6-2-2のようなツールバーが表示されます。ここで［参加者］アイコンの右側にある［^］をクリックし、表示されたリストから［招待］をクリックしてください。
　［招待］をクリックすると、ZOOMミーティングに参加するためのリンクアドレスが記されたメールを送ることができます。

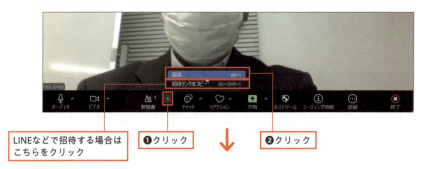

LINEなどで招待する場合はこちらをクリック
❶クリック
❷クリック

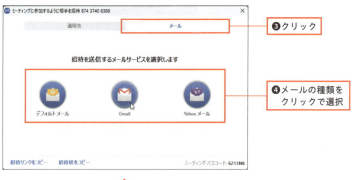

❸クリック
❹メールの種類をクリックで選択

POINT

LINEなどで招待する

メールではなくLINEなどで招待したい場合は、［招待リンクをコピー］をクリックしてください。メールに書いて送るリンク情報だけコピーされるので、それをLINEなどに貼り付けます。

図 6-2-2　参加者へ招待メールを送付

招待に応じてミーティングに参加

　招待メールが届いたら、そこに書かれている**リンクアドレス**の部分をクリックすれば、会議に参加できます。ZOOMアプリを起動するようにいってくるので、あらかじめダウンロードしてインストールしておくといいでしょう。アプリなしでブラウザからも参加できますが、一部の機能が使えません。

　あとは、そのまま進めれば会議に参加できます。図6-2-3の最後に見えている画面は参加者のもので、まだ主催者と参加者1人の状態です。大きく見えているのが主催者、上側の小さな画面が参加者（自分）です。この例では、参加者はバーチャル背景とアバターの機能を使っています（150ページ参照）。

Chapter 06　オンラインミーティングの操作を身につける！　143

Chapter 06.

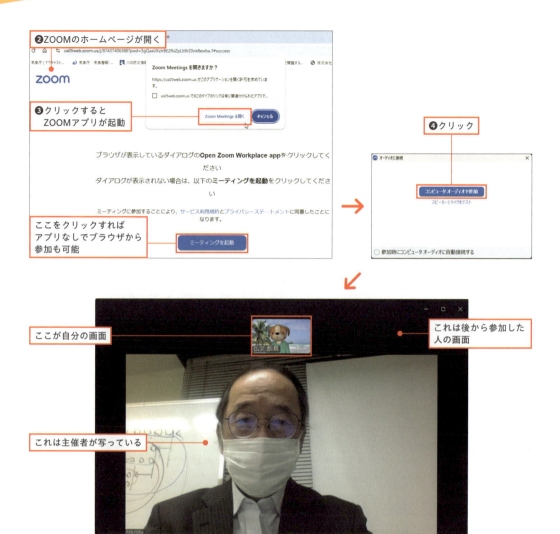

図 6-2-3　招待メールからミーティングに参加

MEMO　Web 会議のマナー

リモートワークが一般化するのに伴い、「Web 会議のマナー」がときどき話題になります。「立場の低い人は開始 10 分前に参加して待っている」などいろいろあるのですが、気にし過ぎず、常識的な社会のマナーを守れば問題ありません。気になる人は、ネットで調べておいてもいいでしょう。

ミーティングでの発言

　会議に参加した状態になれば、参加者各々のカメラとマイクを使って、自由に討論できます。

　ただし、全員のマイクが使える状態だとうるさくて混乱するといった場合、主催者権限で全員のマイクをオフにしておく、といったこともできます。そうした場合は、許可を求めてから発言するようになります。

　方法はいくつかあるのですが、たとえば下側の［リアクション］アイコンをクリックしてみると、［挙手］があります。これをクリックするのが、主催者に発言の許可を求めるサインです。

　あるいは、157ページで紹介しているチャットの機能を使い、文章で発言してもいいでしょう。チャットの対象を全員にすれば、全員に対して発言していることになります。

図 6-2-4　ミーティングでの発言

ミーティングからの退出

会議から退出する場合は、画面右下の［退出］をクリックします。

会議が終了して退出する場合は問題ありませんが、用事があって途中退出するような場合には、「お先に失礼します」など、ひと声かけて退出しましょう。何も言わずに途中退出するのは失礼ですし、いつの間にかいなくなったら、他の参加者が混乱してしまいます。

図 6-2-5　ミーティングからの退出

MEMO

ZOOM 面接

ZOOM を使って採用面接を受けているような場合、退出するのは、面接官から退出の許可が出たとき、または面接官が接続を切ってからです。勝手に「終わった」と判断して退出してはいけません。

オンラインミーティングの操作を身につける！

6-3 ZOOMの便利な機能

日時を指定したミーティングの主催

　あらかじめ開催日時を指定して、会議を予約しておくことができます。そのためには、図6-3-1のように、ZOOMアプリの［スケジュール作成］を使います。

　スケジュール作成の画面では、会議のタイトル、開催予定の日時、参加予定者のリストなどを設定します。定期的に繰り返す会議の場合は、繰り返し設定も可能です。

　こうして会議情報の設定をしたら、最後に、一番下の［送信］ボタンをクリックして準備完了です。

　なお、参加予定者のリストを入力していない場合は、［送信］ではなく［保存］というボタンになります。この場合、会議を始める前に、参加予定者にメールなどで参加を要請する必要があります。

Chapter 06　オンラインミーティングの操作を身につける！　147

Chapter 06.

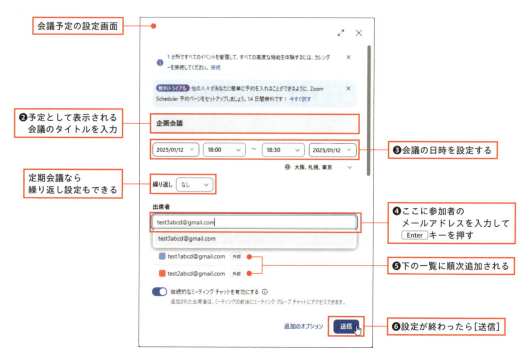

図 6-3-1　ミーティングの設定

ミーティング予約の関連知識

　前項のように会議の設定をしておくと、予定時刻の5分前に、図6-3-2のようなリマインダー通知が表示されます。図6-3-2（左）は主催者のパソコンに表示されるメッセージで、［開始］をクリックすれば主催として会議をスタートできます。
　主催者にリマインダー通知が表示されるだけでなく、参加予定者のパソコンでも、5分前になると図6-3-2（右）のような通知が表示されます。

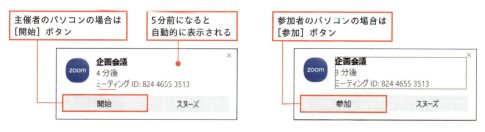

図 6-3-2　リマインダーの通知

実はZOOMアプリというのは、起動して「オンライン」状態になっていると（図6-3-3）、アプリ間で通信することができます。ここでは主催者が自分のZOOMアプリに開催予定を設定したわけですが、参加予定リストに設定した人のZOOMアプリがオンラインになると、自動的に主催者が設定した会議スケジュールが転送されます。転送されてきたスケジュール情報は、ZOOMアプリ上側の［ミーティング］をクリックすれば、表示して見ることができます。

　こうしてスケジュールが転送されて、自分のZOOMアプリに入っているので、開始前に通知を表示できるわけです。

図 6-3-3　ミーティング予定の確認

POINT

通知する時間の設定

標準では、予定の5分前にリマインダー通知が表示されます。変更したい場合は、次項で使っている［設定］画面で、左側の［一般］をクリックし、表示された画面で「5分前」と表示されている欄を探してください。チェックを付けて有効にすれば、何分前にするか変更できます。

Chapter 06　オンラインミーティングの操作を身につける！　149

なお、一度設定したスケジュールを中止したり変更したい場合は、図6-3-4のように、右側に表示されているスケジュールの右下にある［…］をクリックしてください。表示されたメニューから、［編集］や［削除］ができます。

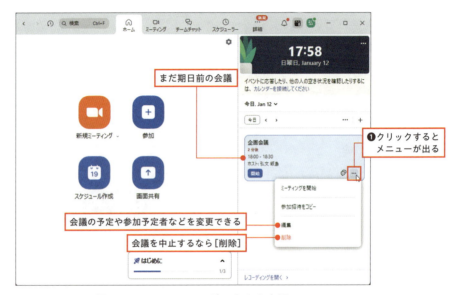

図 6-3-4　ミーティングの中止や変更

背景やアバターの設定

自宅からWeb会議を行うような場合、自分の後ろに自宅の室内が映ってほしくないことがあります。そんなときは、「バーチャル背景」という機能を利用すると、背景をあらかじめ用意してある画像に置き換えることができます。

あるいは、自分の画像を映したくない場合は、自分の代わりに、カメラ画像の人物部分を「アバター」表示に切り替えることができます。もちろん、バーチャル背景状態でアバターを使うこともできます。

背景やアバターを事前に設定しておきたい場合は、ZOOMアプリを起動した画面で、右上にある歯車型の設定アイコンをクリックし、設定画面を呼び出します。ここで［背景とエフェクト］を選択すれば、背景やアバターのほか、画面を飾る［ビデオフィルタ］なども設定できます。

なお、会議に参加するだけならZOOMのアカウントはなくても大丈夫ですが、アカウントがないとバーチャル背景やアバターは使えません。

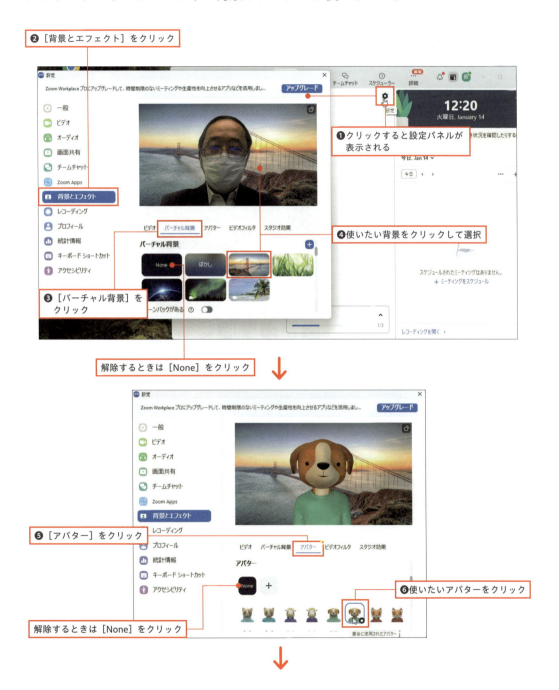

Chapter 06. オンラインミーティングの操作を身につける！　151

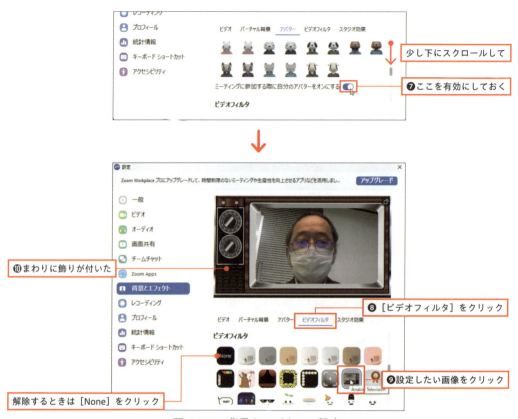

図 6-3-5　背景やアバターの設定

　事前設定ではなく、会議中にバーチャル背景やアバターを設定したい場合は、会議画面下側のツールバーで、［ビデオ］右側の［^］をクリックしてください。図6-3-6のように、表示されたメニューから背景やアバターを設定できます。

MEMO　背景画像やカスタムアバター

ZOOMのホームページからサインインすると、自分の［ホーム］画面を表示できます。そこから、高画質の背景画像を追加したり、自分に似せたカスタムアバターを作ったりできます。

図 6-3-6　会議中にアバターを設定

参加者のマイクのオンとオフの切り替え

　会議の画面で、参加者全員のマイクを無効に設定できます。Webセミナーのように一方的に講義をする場合、あるいは通常の会議でも参加者が多い場合は、とりあえずマイクを無効にしておくといいでしょう。

　マイクを無効にするためには、会議の画面下側で［参加者］アイコンをクリックし、表示された参加者リストの下側で、［全員をミュート］をクリックしてください。

図 6-3-7　参加者のマイクの設定

Chapter 06　オンラインミーティングの操作を身につける！　　153

こうして全員のマイクを無効にして会議を始めた場合、図6-3-7の確認メッセージにある［参加者に自分のミュート解除を許可する］にチェックを付けておけば、参加者は自分の［オーディオ］アイコンからマイクを有効にできます。このチェックを消して［はい］にした場合は、［挙手］やチャットからの申請で、主催者がマイクを有効にします。

リアクションの送信

会議の画面下側にあるツールバーで、［リアクション］と書いてあるアイコンをクリックすると、絵文字の一覧が表示されます。ここからアイコンを選んでクリックすると、その時点の発言者の画面に［いいね］の絵文字などを表示できます。

リストの上側にある［エフェクトを付けて送信］の絵文字を使うと、図6-3-8のように絵文字が画面いっぱいに動いて表示されます。その下の［リアクション］の場合は、絵文字が画面の左上に表示されます。いずれの場合も、少しの間表示したら、自動的に消えるようになっています。

❶自分の画面でリアクションのアイコンをクリック

図 6-3-8　リアクションの送信

　自動的に消える絵文字に対して、[挙手]のアイコンは、再度クリックして手をおろすまで表示されています。主催者に発言を求めたり、採決するような場合にも利用できます。

Chapter 06.　オンラインミーティングの操作を身につける！　　155

Chapter 06.

❷手を挙げた人の窓左上に手のアイコンが表示される

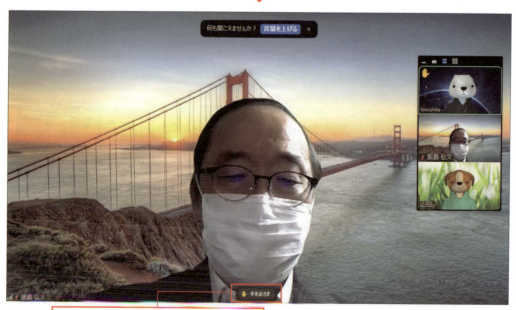

［手をおろす］をクリックするまで手を挙げている

図 6-3-9 ［挙手］アイコンの操作

チャット機能の利用

「チャット」というのは、キーボードからメッセージを入力し、文章で会話する機能です。Web会議ではカメラもマイクも使えますが、それに加えてチャットも活用すれば、マイクによる発言と並行して、会議に参加している特定の相手とチャットで意見交換したりできます。もちろん、特定の相手だけでなく全員に文章でメッセージを送ることもできます。

チャットの機能を使うためには、会議画面下側のツールバーで、[チャット] をクリックしてください。チャット用のパネルが表示され、宛先を選んで文章を送信できます。

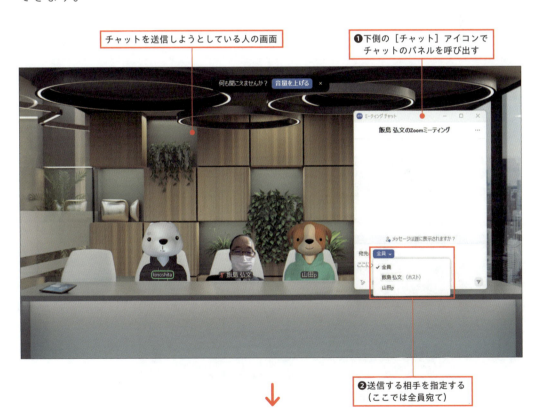

Chapter 06 オンラインミーティングの操作を身につける！ 157

Chapter 06.

チャットを送信しようとしている人の画面

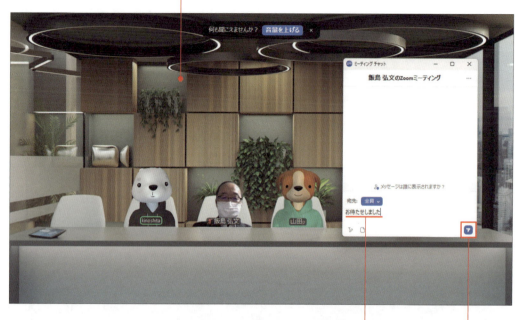

❸メッセージを書いて　❹クリックして送信

他の人の画面

❺チャットメッセージが届く

図 6-3-10　チャット機能の使い方

参加者と画面の共有

　会議中に「共有」という機能を使うと、自分のデスクトップにあるウィンドウを、他の参加者向けに表示できます。参考資料としてExcelの表や写真などを見せたいような場合、カメラで撮影する必要はありません。

　共有機能を使うためには、まず自分のパソコンで、他の人に見せたい画面を用意しておきます。ウィンドウの形で表示しておけば、内容は何でも構いません。そうしておいて、会議画面下側のツールバーで［共有］をクリックすると、現在自分のパソコンで開いているウィンドウの一覧が表示されます。そこから他の人に見せたいウィンドウを選べば、他の参加者の画面にそのウィンドウが表示されます。

　共有表示を終わらせたいときは、共有表示している画面上側で、［共有の停止］をクリックしてください。

Chapter 06.

❶ ほかの人に見せたいものをウィンドウで表示しておく

ZOOMのウィンドウも開いたままにしておく

↓

↓

❷ ZOOM画面に戻って［共有］をクリック

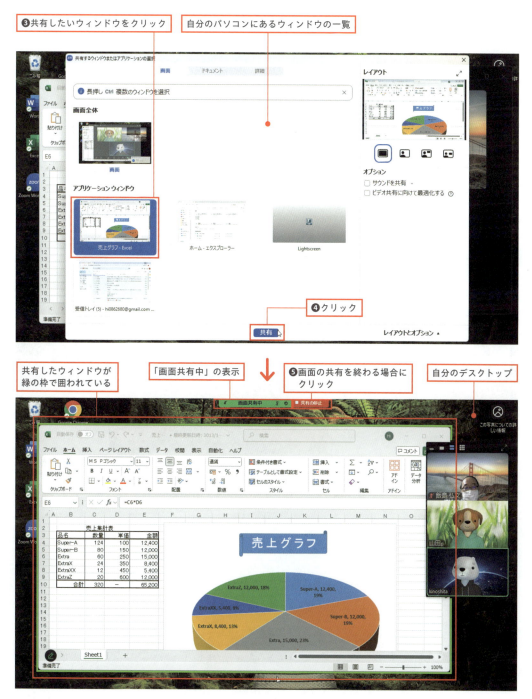

図 6-3-11　画面の共有

Chapter 06.　オンラインミーティングの操作を身につける！　161

図6-3-11のような手順で共有の設定をすると、会議に参加している他の人の画面には、図6-3-12のように表示されます。これは静止した画像ではなく、共有元の画面をリアルタイムで表示しているので、共有元の人がExcelの画面を操作すれば、操作の様子が他の人にも見えます。共有中もマイクやチャットは使えるので、共有画面を操作しながら説明したりできるわけです。

図 6-3-12　参加している他の人の画面

ミーティングの録画

　Web会議の様子は、そのまま録画することができます。有料プランならパソコンやスマホなどからインターネット上に保存（クラウドレコーディング）できますが、無料プランの場合は、パソコン内に保存（ローカルレコーディング）することしかできません。したがって、スマホで会議を主催しているような場合、無料プランでは録画できないことになります。

　なお、録画の際には全員に「レコーディングされています」という通知が送られ

るので、録画中であることがわかります。

　録画を開始するには、会議画面下側のツールバーで、[レコーディング] をクリックしてください。ツールバーに [レコーディング] がない場合は、[詳細] をクリックすると出てきます。なお、録画できるのは基本的には主催者だけです。参加者が録画したい場合は、一時的に主催者を交代するといった手間がかかります。

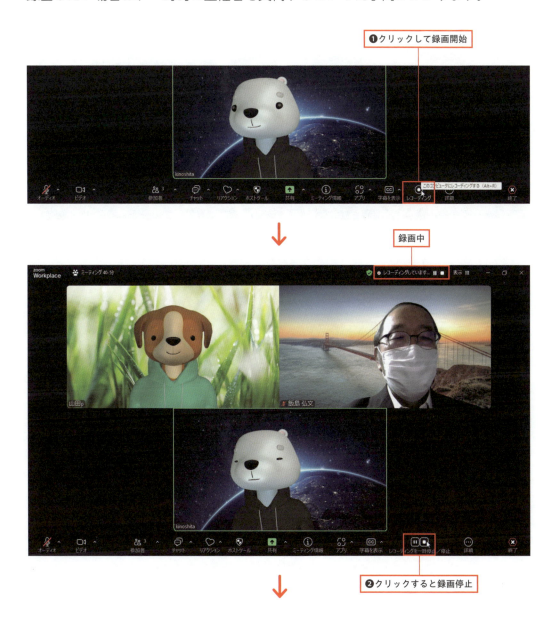

Chapter 06. オンラインミーティングの操作を身につける！

Chapter 06.

参加者の画面　　　録画中であるというメッセージ

図 6-3-13　ミーティングの録画

　自分のパソコン内に録画データを保存する場合、図6-3-14のようにZOOMアプリを起動した画面右上に［設定］アイコンから設定パネルを呼び出し、［レコーディング］欄で保存場所を設定できます。
　ここに動画ファイルとして保存されているので、あとでメールに添付して他の人に送ったりできます。

 MEMO　**外付けカメラ**

パソコンにカメラやマイクが内蔵されていない場合は、外付けのカメラを購入するといいでしょう。カメラとマイクがセットになってUSB接続できるタイプの小型カメラが、いろいろなメーカーから販売されています。ほとんどのカメラは、USB接続するだけで使えるようになります。

図 6-3-14　録画データの保存

ZOOM画面の表示方法の設定

　ZOOMの会議中の画面には、自分と他の参加者を、いろいろな形で表示できます。
　表示方法を変更するためには、画面上側にある［表示］という部分をクリックし、表示されたリストから表示方法を選択します。
　発言者を大きく表示する「スピーカーモード」が一般的な表示方法です。発言者が変わると大きく表示される参加者が自動的に切り替わります。
　発言者だけでなく、複数の参加者を同時に画面に表示したい場合には「ギャラリーモード」にしておきます。
　このようなウインドの並び方を変更できるのはもちろん、「イマーシブモード」といって、仮想的な会議室のような表示にもできます。会議中でも自由に変更できるので、試してみてください。

Chapter 06.

図 6-3-15　スピーカーモードの設定

図 6-3-16　ギャラリーモードの設定

図 6-3-17　イマーシブモードの設定

Chapter 06　オンラインミーティングの操作を身につける！

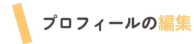

プロフィールの編集

　会議中に表示される名前をはじめとして、自分の「プロフィール」はZOOMのホームページから変更できます。ZOOMのホームページから[サインイン]したら、表示された自分のホーム画面で、[プロフィール]を選択してください。
　プロフィールでは、会社名や部署、役職なども設定できます。

❶クリック
❷クリックすると会議画面の表示名などを変更できる

図 6-3-18　プロフィールの編集

MEMO　スマホ版の ZOOM アプリ

スマホ版の ZOOM アプリは、iPhone なら App ストア、Android スマホなら Google Play ストアなどで検索し、通常のアプリと同様にインストールしてください。

スマホ版の ZOOM アプリの機能自体は PC 版とほぼ同じですが、スマホ版のほうがパソコンより画面が小さいため、各機能を使う際には、一時的に画面が切り替わるようになっています。

4冊目

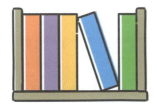

Word 入門

Chapter 07.
Wordの基本操作を身につける！

Chapter 08.
Wordの活用テクニックを身につける！

※ Wordのバージョンによって、文字サイズや行間隔が本書と異なる場合があります。新規文書でフォントサイズが「11」になっていたり、行間隔が異常に広がっている場合は、本書のサポートページの解説に従って、設定を変更してください。

Chapter 07.

Wordの基本操作を身につける！

7-1 Wordの基本操作

Wordとは

　Word（ワード）というのは、文書を作るための「ワードプロセッサ」、いわゆるワープロのソフトです。

　ワープロで作る文書の多くは、簡単な連絡文書や案内パンフレットなど、主に1ページで作るものです。そうした文書の場合、文字飾りや色の使い分け、イラストや写真など、見栄えよく整った文面を作るための機能が重要になります。

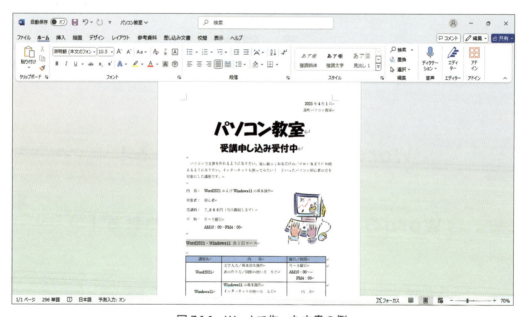

図 7-1-1　Word で作った文書の例

170　4冊目　Word入門

あるいは、講習のテキストや論文、各種レポートなどのように、ページ数が多い文書もあります。この場合も体裁よく文面を作る機能は必要ですが、さらに加えて、目次の作成やページ番号の表示など、多くのページを扱うための管理機能も必要になります。Wordはこうした機能が豊富なので、ページ数の多い文書を作るのに向いています。

　さらに応用として、文書の中に作った表で計算もできますし、グラフも描けます。計算ソフトのExcel（エクセル）で作った表を文書に貼り付けて使う、といったことも可能です。Wordというのは、非常に強力で多機能なワープロなのです。

Wordの起動と終了

　タスクバーかデスクトップ、あるいはスタートメニュー上側の一覧にWordのアイコンがあれば、クリックして起動できます。

　Wordのアイコンがないようなら、スタートメニュー右上にある［すべて］をクリックしてリストを切り替えれば、ABC順で「W」の分類に、Wordのアイコンがあります。

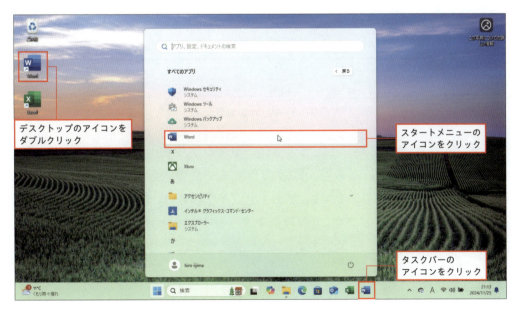

図 7-1-2　Word の起動

Wordを起動すると、まず図7-1-3のような画面になります。新しい文書を作りたい場合は、ここで［白紙の文書］をクリックしてください。

前回の続きで作業するような場合は、下側の［最近使ったアイテム］という一覧に、新しい順で最近使ったファイルが一覧表示されています。ここからクリックするだけで開けます。

図 7-1-3　Word の起動画面

Wordを使い終わって終了させるときは、ウィンドウ右上の［閉じる］ボタンをクリックしてください。その際、「このファイルの変更内容を保存しますか？」と質問されることがありますが、残しておく必要がなければ、［保存しない］をクリックすればそのまま終了します。［保存］をクリックすると所定の場所に保存され、保存が終わると自動的に終了します。

Wordの画面構成

　Wordを起動して「白紙」の文書を作成した直後の画面は、図7-1-4のようになっています。

　中央に見えているのが文書を作るための白紙で、左上に**文字カーソル**が見えています。キーボードから入力した文字は、この文字カーソルの位置に書き込まれます。文字カーソルは↑↓←→のキーやマウスのクリックで移動できますが、文字の書いてある範囲しか移動できません。

　文字カーソルのすぐ上にあるちょっと**大きなカギ型のマーク**は、余白との境目を示しています。右端にも同様なマークが見えていますが、下側にも2つあるので、全部で4つのマークが四隅を囲っています。

　画面の右下には、「**ズーム**」の機能があります。両側の［＋］［－］をクリックするか、中間の太い縦線をマウスでドラッグすれば、画面を拡大、縮小して表示できます。

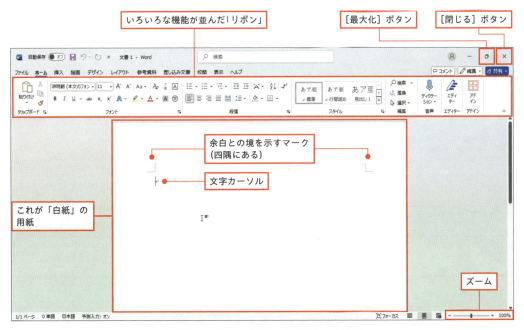

図7-1-4　Wordの基本的な画面の構成

いろいろな機能は「リボン」から操作

　前項の図7-1-4のように、Wordの画面上側には「**リボン**」と呼ばれる細長い領域があります。このリボンは、図7-1-5のように、たくさんのアイコンが並んだ細長いパネルが重なったものです。各リボンには［ファイル］［ホーム］［挿入］というようにタブが付いていて、タブをクリックすると、そのリボンが一番手前に出てきて使えるようになります。よく使う機能は［ホーム］のリボンに並んでいますが、ほかの機能を使いたい場合は、タブをクリックしてリボンを切り替えるようになります。

　リボンにある機能の多くは、アイコンをクリックするだけで使えます。しかし機能によっては、リボンのボタンをクリックするとメニューや選択リストが表示され、そこから選んで使うものもあります。あるいは、機能を選択すると入力欄や設定画面が表示され、そこから実際の機能を操作する場合もあります。

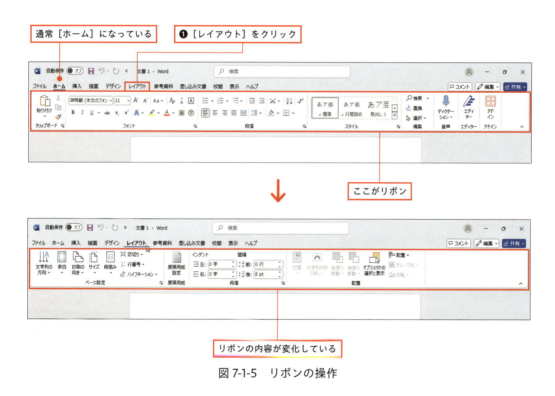

図 7-1-5　リボンの操作

図7-1-6のように、リボンのボタンに小さな［v］が付属している場合は、これをクリックすると選択リストが出ます。図7-1-6のアイコンはよく見ると、［A］と書いてあるアイコン本体と、その右の［v］が別のボタンになっています。こうした場合、［v］のほうを狙ってクリックするとリストが出て、左側のアイコン本体をクリックすると、いきなり機能を実行します。

図 7-1-6　選択リストが出るボタン

　リボンをよく見ると、［フォント］［段落］［スタイル］というようにグループ化されていて、細い線で区切られています。各グループの右下には という小さなボタンがあり、これをクリックすると、リボンに表示されていない機能が載っている設定画面（**ダイアログボックス**）が表示されます。

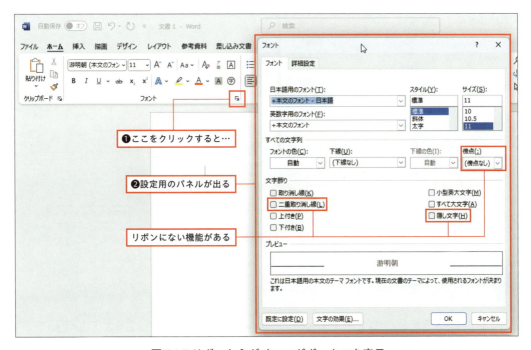

図 7-1-7　リボンからダイアログボックスを表示

作った文書の印刷

　作った文書を印刷するためには、リボンの［ファイル］タブをクリックしてください。すると画面から編集中の文書が消えて、図7-1-8のような、保存や印刷などの機能が並んだ画面になります。左側にある機能リストから［印刷］を選べば、印刷結果をプレビュー画面で見たり、部数などを指定して印刷できます。

　なお、［ファイル］画面で何もせず通常の文書編集画面に戻るためには、画面左上にある［←］をクリックするか、Escキーを押してください。

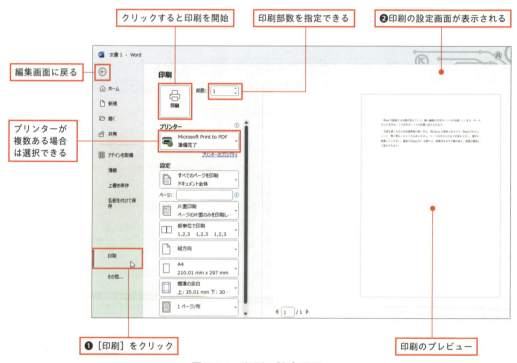

図 7-1-8　印刷の設定画面

作った文書の保存

　作成した文章を保存しておかないと、Wordを終了したときに消えてしまいます。必要な文書は、忘れずに保存しておきましょう。

保存のためには、リボンの［ファイル］タブをクリックし、表示された画面左側の機能リストから［名前を付けて保存］を選択してください。すると図7-1-9のような画面になるので、ここに見えている「参照」という項目をクリックすると、保存場所を選んで保存する［名前を付けて保存］画面が表示されます。

　［名前を付けて保存］画面では、左側の［ドキュメント］［ピクチャ］などから保存場所を選んでクリックすると、その場所にあるファイルやフォルダが一覧表示されます。必要ならフォルダのアイコンをダブルクリックすれば、そのフォルダの中に保存できます。

　なお、［ファイル］→［名前を付けて保存］→［参照］とたどらなくても、F12 キーをポンと押すだけで、［名前を付けて保存］画面が表示されます。

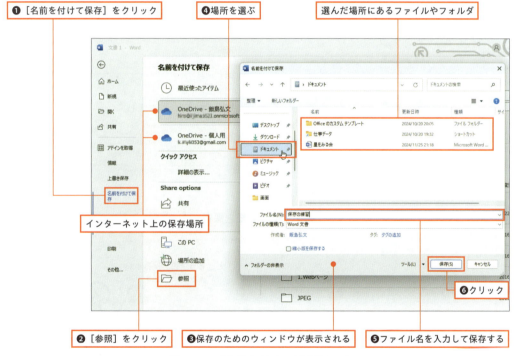

図 7-1-9　［名前を付けて保存］画面

Chapter 07　Wordの基本操作を身につける！　177

Chapter 07.

2回目からは「上書き保存」

　ページ数が多かったり手間のかかる文書を作っている場合、作業に時間がかかります。とりあえず切りのいいところで一度「名前を付けて保存」し、さらに作業を続けながら、ときどき「上書き保存」しておくと安心です。

　新規文書の場合、一度名前を付けて保存をしてからでないと、上書き保存できません。保存してある文書を開いて続きの作業をしているような場合は、すぐに上書き保存できます。

　上書き保存は、前項図7-1-9のように［ファイル］タブから表示される［ファイル］画面からもできます。しかしそれよりも、リボンの左上にある［上書き保存］のアイコンをクリックするのが手軽で便利な方法です。上書き保存は、もともと保存してある場所に同じ名前で上書きするので、何も指定する必要がなく、［上書き保存］アイコンをクリックするだけで済みます。

図 7-1-10　上書き保存

保存した文書を開く

　Wordを起動した直後なら、172ページ図7-1-3のような画面で、下側の［最近使ったアイテム］一覧から、文書を選択して開けます。

　あるいは、リボンの［ファイル］タブをクリックして画面を切り替え、左側の機能リストから［開く］をクリックしても、図7-1-11のように、最近使ったファイルの一覧が表示されます。

　なお、177ページの［名前を付けて保存］画面で［参照］ボタンを使っていますが、図7-1-11の「開く」画面にも、同様に［参照］ボタンがあります。ここから［開く］ウィンドウを出し、場所を探してファイルを開くこともできます。

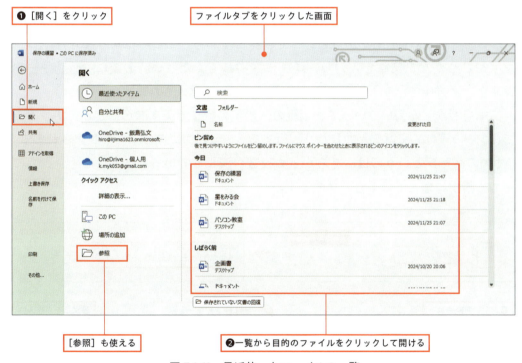

図 7-1-11　最近使ったファイルの一覧

Chapter 07.

Wordの基本操作を身につける！

7-2 入力や編集の操作

 文章の入力

　Wordの画面には白紙が見えていて、細い縦線の文字カーソルが点滅しています。キー入力した文字は、この文字カーソルの位置に記入されます。

　文章を書くための日本語変換の使い方は、Windowsの基本どおりです（「1冊目」48ページ参照）。Wordだからといって、特に変わったところはありません。ローマ字やひらがなで文章を入力し、漢字に変換してください。最後に Enter キーを押すと、変換中を示す下線が消え、変換が確定して記入されます。

　文章をどんどん書いていって、用紙の一番下の行まで書き進んだとします。そこで、さらに続けて文章を入力したり改行すると、自動的に次のページが作られます。Wordのページというのは、あらかじめ枚数が決まっているわけではなく、入力に応じて勝手に増えていくものなのです。

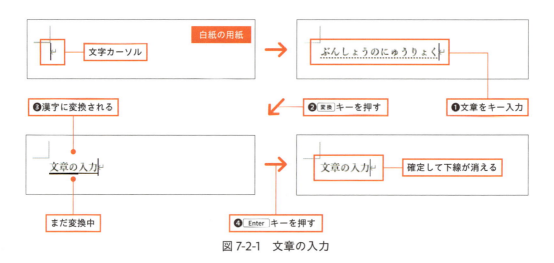

図 7-2-1　文章の入力

編集記号の表示

　Wordを勉強している段階では、「編集記号を表示する」という状態にしておくといいでしょう。そのためには、図7-2-2のように、リボンの［ホーム］タブにある［編集記号の表示／非表示］ボタンをクリックします。この機能は、一度有効にすると、自分で解除するまで有効なままです。

　たとえば図7-2-2では、編集記号を表示するように設定したことにより、スペースのところに白い四角が表示されています。これが編集記号で、全角スペースは図の例のような四角、半角スペースは半角の「・」で表示されます。そのほか、210ページで解説しているタブは「→」など、いろいろな編集記号があります。

　Wordには非常にたくさんの機能があり、たとえば「文字の間をあける」だけでも、いろいろな方法があります。編集記号を表示していないと、単に「間が空いている」としかわかりませんが、編集記号があれば、どのような機能で間をあけているかわかります。

　なお、改行マーク（↵）だけは、編集記号の表示／非表示と関係なく、常に表示されます。

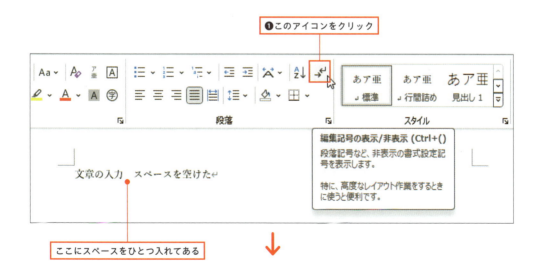

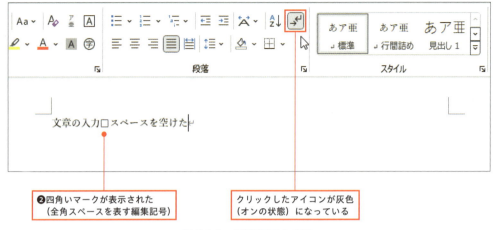

図 7-2-2　編集記号の表示

「改行」と「段落」

改行というのは、その行はそこまでで終わりにして、続きは次の行から書き始める、という意味です。単純なことですが、文書作りには欠かせない基本の操作です。

改行の方法は簡単で、図7-2-3のように日本語変換していない状態で Enter キーを押せば、文字カーソルが次の行の先頭に移動します。さらに、新しい行の先頭で何も書かずに Enter キーを押すと、その行は空白のままで、さらに次の行に進みます。間を1行空けたいような場合、何も書かずに改行すればいいわけです。何も書かずに改行している行を、「空白行」と呼びます。

図7-2-4のように書いてある文章の途中に文字カーソルを戻し、そこで Enter キーを押すと、書いてある文章の途中で強制改行することもできます。1行に書いてあったものを、途中で分けて2行にできるわけです。

改行を取り消すためには、図7-2-4でやっているように、行の先頭に文字カーソルを置いて、Back space キーを押してください。改行が取り消され、カーソルのあった行が前の行につながります。空白行を削除したい場合は、空白行にカーソルを置いて Delete キーでも削除できます。

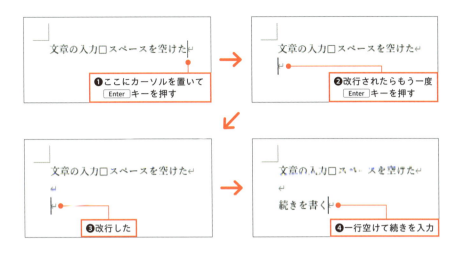

図 7-2-3　改行

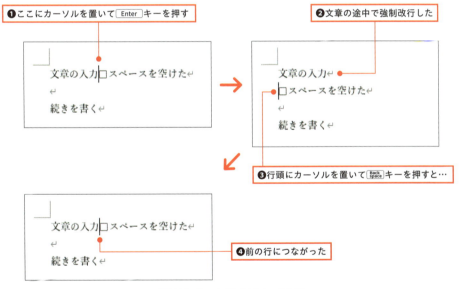

図 7-2-4　文章の途中で改行

なお、改行の次の行から、次の改行までの間を、「段落」と呼びます。Wordでは、多くの機能が、段落単位で設定されるようになっています。

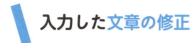

入力した文章の修正

　すでに書いてある文章を修正するためには、まず、文字カーソルを修正したい位置に移動します。そのためには、↑↓→←キーで1文字ずつ移動してもいいですし、目的の位置をマウスでクリックしてもかまいません。近くに移動するなら↑↓→←キー、遠くならマウスが効率的でしょう。

　文字カーソルを移動したら、そこで何かキー入力すると、カーソル位置に割り込むように文章を追加できます。あるいは、Back spaceキーを押すと文字カーソルの左側の文字、Deleteキーで文字カーソルの右側の文字を、削除できます。

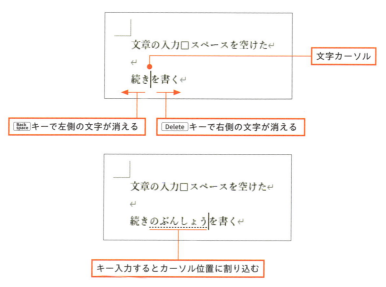

図 7-2-5　文字カーソルの移動と文章の修正

POINT

挿入モードと上書きモード

Wordは、通常は「挿入モード」といって、あとから書いた文字が割りこんで記入されるようになっています。しかし「上書きモード」になっていると、すでに書いてある文字を上書きし、消してしまうようになります。この切替はInsertキーで出来るのですが、InsertキーはBack spaceやDeleteなど日常的によく使うキーの隣にあるため、誤って押してしまうことがあります。

「範囲選択」の3つの方法

Wordのいろいろな機能を使うためには、まず、その機能を設定したい対象を選択しておきます。そのうえで、文字サイズや書体など、さまざまな設定を行います。

文章の一部を範囲選択するためには、「選択したい範囲をマウスでドラッグ」するだけです。あるいは、[Shift]キーを押したまま↑↓→←キーを使うと、キー操作で範囲選択することもできます。選択した範囲は背景が灰色の表示になります。

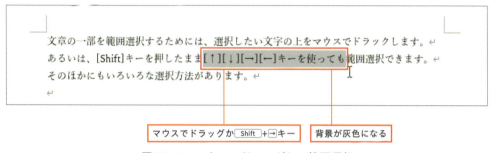

図 7-2-6　マウスでドラッグして範囲選択

範囲選択のための機能は、この他にもいろいろあります。たとえば、「行の左側にある余白部分をマウスでクリックする」と、ワンタッチで1行全体を選択できます。あるいは、クリックではなく余白部分を下にドラッグすると、複数行をまとめて選択することもできます。行単位で範囲を選択することは結構あるので、覚えておくといいでしょう。

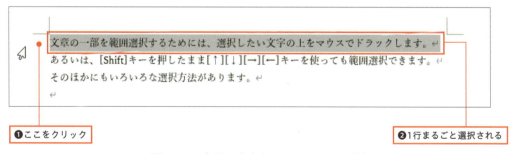

図 7-2-7　先頭の余白をクリックして行選択

Chapter 07.

　さらに、ちょっと広い範囲を選択したいような場合、図7-2-8のように、「**先頭をクリック、末尾を Shift キーを押しながらクリックする**」という方法もあります。

　以上のような選択方法は、とりあえず基本として、最初に覚えておくといいものです。ほかにもいろいろなテクニックがあるのですが、まず、基本の操作をしっかり身につけましょう。

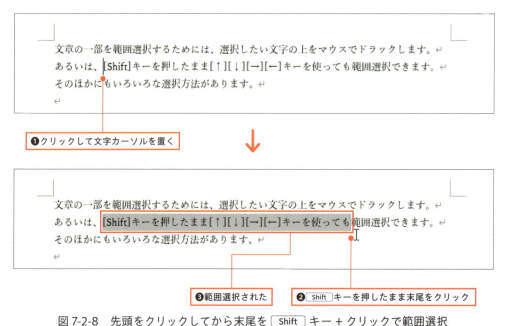

図 7-2-8　先頭をクリックしてから末尾を Shift キー + クリックで範囲選択

MEMO　手で覚える

「対象の選択」のような操作は、頭で覚えただけでは役に立ちません。何をやるにも必要になる操作ですから、繰り返し使って、自然に操作できるように慣れておきましょう。パソコンを使いこなすためには、「頭で覚える」ことと「手で覚える」こと、両方が必要です。

文章の一部の移動やコピー

　すでに書いてある文章と同じような内容を、ほかの場所でも書きたいことがあります。そんな場合は、書いてある文章をコピーして使うと効率的です。

　そのためには、まずコピーしたい文章を範囲選択して、そこをマウスで指してください。そして、Ctrlキーを押しながら、マウスの左ボタンを押してコピー先までドラッグします。ドラッグ先でマウスのボタンを離せば、そこに範囲選択しておいた部分と同じ文章がコピーされます。

　なお、Ctrlキーを押さずにドラッグすると、コピーではなく移動になります。コピーだけでなく移動も覚えておくと便利です。

　また、リボンのボタンやキーボードを使ってもコピーできます。リボンの場合は、範囲選択しておいてリボンの［コピー］ボタンをクリックし、コピー先に移動して［貼り付け］ボタンをクリックしてください。

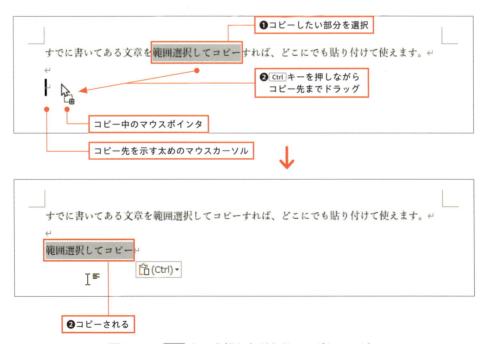

図 7-2-9　Ctrlキーを押しながらドラッグしてコピー

Chapter 07.

文字に「書式」を設定

　Wordにはさまざまな文字飾りの機能がありますが、その中でも基本になる太字、斜体、下線、取り消し線などは、すぐに使えるボタンとしてリボンに用意されています。

　これらのボタンのうち、太字、斜体、取り消し線の3つは細かい指定がないので、設定したい文章範囲を選択しておいて、ボタンをクリックするだけで使えます。ボタンをクリックするごとに、書式が設定されたり解除されたりします。

　下線もボタンをクリックするだけで使えるのですが、その場合は、線の種類が前回使ったものと同じになります。線の種類を選びたい場合は、設定したい文章範囲を選択しておいてから、[下線]ボタンの右側にある[∨]をクリックしてリストを出してください。

　これらの書式は、複数組み合わせて使うこともできます。たとえば、対象範囲を選択しておいて太字と取り消し線のボタンをクリックすれば、両方の書式が設定されるわけです。

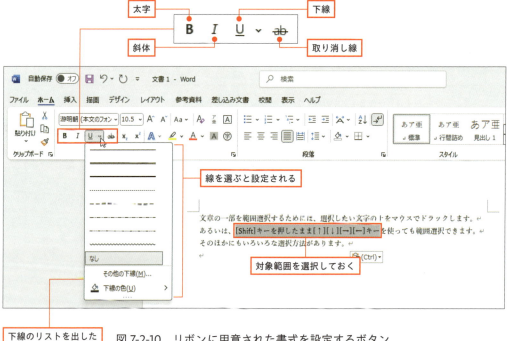

図 7-2-10　リボンに用意された書式を設定するボタン

よく使う記号の入力方法

　記号の入力は、基本的には漢字と同じで、「読みを入力して変換」です。たとえば「しかく」と入力して変換すれば、「四角」という漢字のほかに、◆■◇□などの記号も候補として出てきます。よく使う記号には、次のようなものがあります。また、「きごう」という読みで変換すると、変換候補にいろいろな記号が出てきます。

読み	記号
やじるし	↑↓←→
ほし	★☆※＊
まる	○●◎
さんかく	△▽▲▼
しかく	□■◇◆

読み	記号
ばつ	×
から	〜
ゆうびん	〒
せっし	℃

　このほかに、たとえば数字の「1」を読みとして入力して変換すると、「①」や「一」「壱」などというように、いろいろな形に変換できます。①②などはよく使うので、覚えておくと便利です。矢印も、「うえ」で変換すると「↑」というように、方向を読みにして変換することができます。また、「C」というアルファベットで変換すれば、著作権記号の©や、温度の℃などに変換できます。

図 7-2-11 「かっこ」と入力して出される変換候補

7-3 作りながら覚える文書作成

Wordの基本操作を身につける！

作成する文書

　ここでは、図7-3-1のような、ビジネス文書の基本形を作ってみます。応用的な機能はまったく使わない単純な文書ですが、Wordで実用的な文書を作るために必要となる、いろいろな基本テクニックが含まれています。この文書をひとつ作ってみれば、あとは自由にいろいろな文書を作れるようになるでしょう。

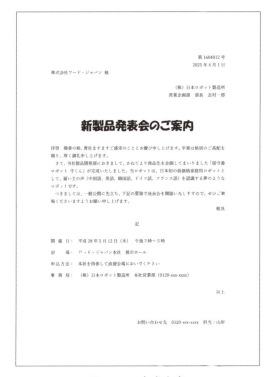

図 7-3-1　完成文書

用紙や余白の設定

　文書を作る場合、まず最初に用紙のサイズを決めてください。通常は「A4」です。用紙はいつでも自由に変更できるのですが、用紙サイズが変わると1行の長さや1ページの行数などが変わるため、入力した文章の配置が変わってしまいます。最初に用紙サイズを決めておき、それに合わせて文章などを配置して仕上げていくのが、基本の手順です。

　用紙を選択するためには、まず、リボン上側で［レイアウト］タブをクリックし、リボンを切り替えてください。すると［サイズ］というボタンがあるので、図7-3-2のようにクリックすれば用紙のリストが出ます。

　標準の状態では、用紙はA4になっています。設定が変わっている可能性もあるので最初に確認しておいたほうがいいでしょう。

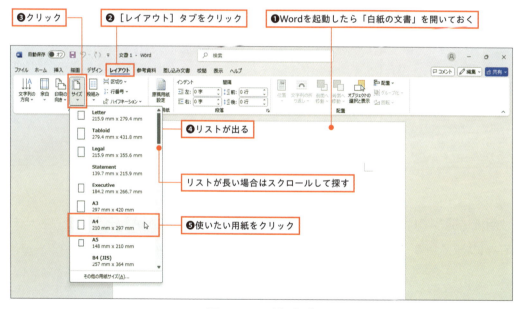

図7-3-2　用紙の設定

　用紙サイズを選択したら、続けて［余白］も設定しておきましょう。余白は後からでも自由に変更できますが、余白を変更するとレイアウトが変わってしまうので、できるだけ最初に決めておきます。

Chapter 07.

　余白の設定は、用紙サイズを選ぶアイコンの、すぐ左側にあります。［余白］ボタンをクリックして、リストから選択してください。基本は［標準］ですが、標準余白は少し幅が広いので、文書に書く内容が多い場合には、［やや狭い］にしておくといいでしょう。

　なお、リストの一番下にある［ユーザー設定の余白］を選ぶと、上下左右の余白を自由に設定できます。

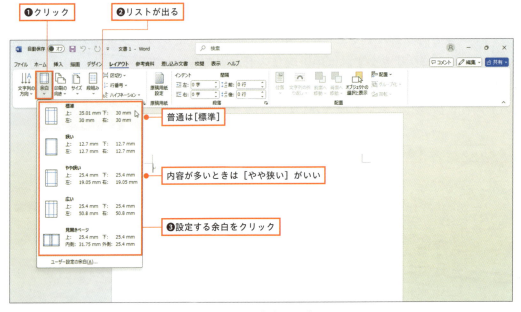

図 7-3-3　余白の設定

　用紙に関しては、もうひとつ、用紙を縦に使うか横に使うかという設定もあります。［サイズ］と［余白］の間にある［印刷の向き］ボタンで設定します。

MEMO　**用紙サイズ**
用紙サイズに付いている数字は、A4 を 2 つ折りにすると A5、さらに A5 を 2 つ折りにすると A6 というように、数字がひとつ増えると用紙サイズが半分になります。

記入した文字の位置揃え

　ビジネス文書では、1行目に文書番号、その下に日付を書いて、用紙の右端に配置します。文書番号が必要ない場合は、1行目が日付です。

　記入した文字を用紙の右側に配置するには、［ホーム］リボンの［段落］グループにある［右揃え］ボタンを使います。右揃えにするのが1行だけなら、その行に文字カーソルを置いて、［右揃え］ボタンをクリックしてください。

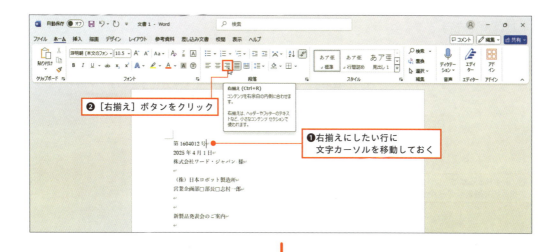

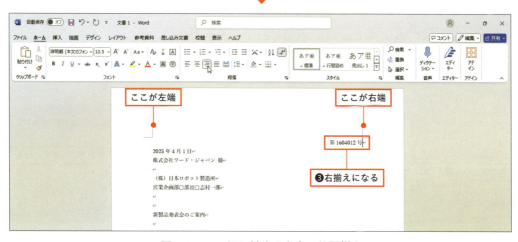

図 7-3-4　1行に対する文字の位置揃え

Chapter 07.

　この文書では、文書番号と日付、そして宛先の下にある発信者の部分と合わせて、全部で4行を右揃えにします。こうした場合、[Ctrl]キーを押したままにして文字の上をドラッグすると、複数の文字範囲を選択できます。右揃えにしたい行を複数選択しておけば、［右揃え］ボタン1回で設定できます。

　なお、［右揃え］ボタンの隣には、［左揃え］や［中央揃え］などのボタンも並んでいます。「新製品発表王のご案内」という見出し部分を、中央揃えにしておきましょう。

　［左揃え］［中央揃え］［右揃え］などの設定は、同じボタンをもう一度クリックすれば解除できます。

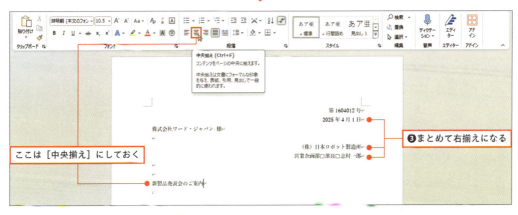

図7-3-5　複数行に対する文字の位置揃え

書体と文字サイズの設定

　左右の配置を設定できたら、タイトルの文字をもう少し大きくし、ついでに文字の書体を目立つものに変えてみましょう。

　パソコンでは、文字のことを「フォント」と呼びます。単に「フォント」といえば書体のことで、文字の大きさは「フォントサイズ」といいます。

　文字の書体やサイズを変えるためには、対象範囲を選択しておいて、[ホーム] リボンの [フォント] グループにある設定欄を使います。

　図7-3-6の例では、まず文字サイズの設定欄をクリックしてリストを出し、文字を大きくしています。標準の文字サイズは10.5なので、ここでは倍以上のサイズにしていることになります。

　フォントの大きさを示す数字は「ポイント」という単位で、1ポイントが約0.35mmに相当します。リストにはとびとびのポイント数しか書いてありませんが、リボンのポイント数の欄に自分で数字を入力すれば、リストにないサイズも設定できます。

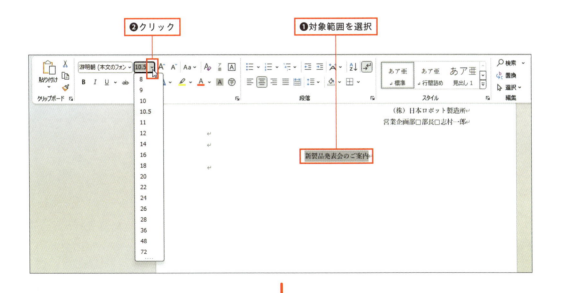

Chapter 07.

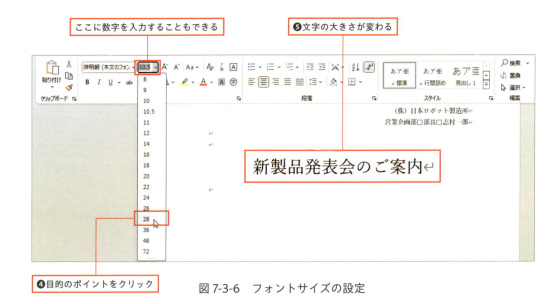

図 7-3-6　フォントサイズの設定

　文字の書体設定は、サイズ変更のすぐ左側にあるリストで行います。対象範囲を選択しておいて、リストから使いたい書体をクリックしてください。

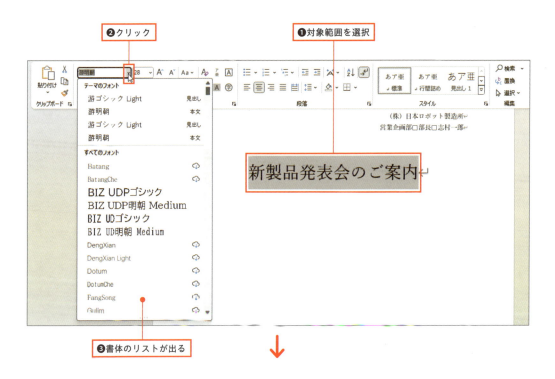

196　4冊目　Word入門

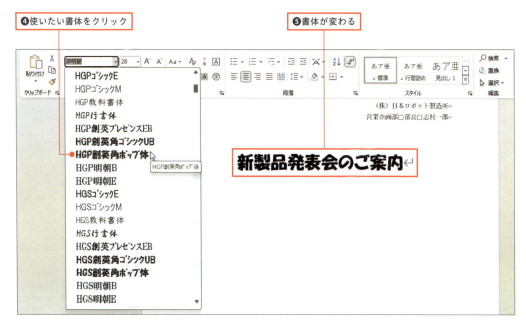

図 7-3-7　フォントの設定

改行後に書式をクリア

　Wordにはちょっとした癖があり、文書を作る際には注意が必要です。

　図7-3-8でやっているように、文字を中央揃えにしたりサイズや書体を変えてある場合、その行の末尾で改行すると、次の行も自動的に同じ書体や配置になります。同じ体裁で何行か書きたい場合は便利ですが、いつまでもそのままでは困ります。

　自動的に配置や書体などが引き継がれてしまった場合、標準の状態に戻したければ、改行してすぐに［すべての書式をクリア］ボタンをクリックしてください。

> **POINT**
>
>
>
> **書体の種類**
>
> リストに表示される書体の種類は、使っているパソコンによって違うことがあります。Windowsでは、書体（フォント）はすべてのソフトで共有するので、たとえば年賀状のソフトが入っていれば、それに付いてきた毛筆フォントをWordでも使えるようになります。

Chapter 07.

それでいろいろな書式設定がまとめて解除され、何も設定されていない普通の行に戻ります。

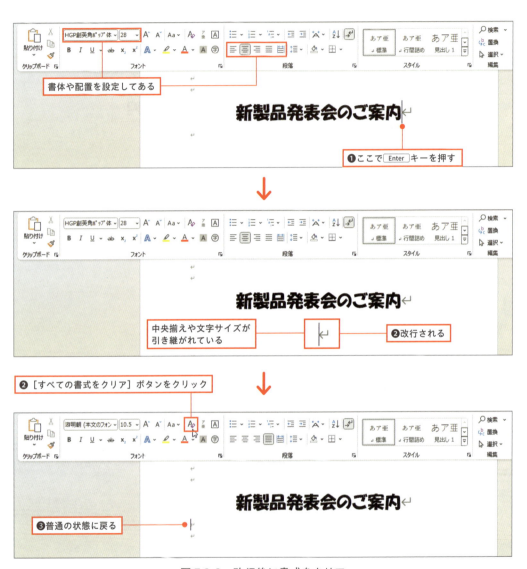

図 7-3-8　改行後に書式をクリア

頭語と結語の自動表示

ビジネス文書では、本文に相当する文章の部分で、「拝啓」「謹啓」などの書き出しの言葉（頭語：とうご）と、それに対応する「敬具」などの結びの言葉（結語：けつご）を使う必要があります。

Wordはビジネス用途を意識したワープロなので、「拝啓」と入力すれば、自動的に「敬具」という結語が表示されます。しかも、結語は独立した1行に右揃えで書くのですが、自動的に右揃えも設定してくれます。「拝啓」と「敬具」だけでなく、「前略」と書けば「草々」というように、いろいろな頭語と結語に対応しています。

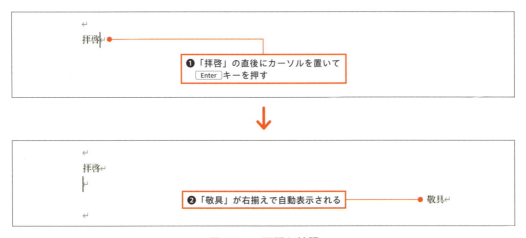

図7-3-9　頭語と結語

あいさつ文の作成補助機能

前項で解説したのは自動的に働く補助機能ですが、Wordには、リボンから呼び出して使う「あいさつ文」の自動作成機能もあります。

きちんとしたビジネス文書では、「拝啓」などの頭語の後、スペースをひとつあけて、あいさつ文が入ります。あいさつ文は「季節のあいさつ」「安否のあいさつ」「感謝のあいさつ」という順番で、いろいろな決まり文句があります。

Wordでは、図7-3-10のように、リボンに［あいさつ文の挿入］という機能があります。この機能で、月を指定したり、用意された定型文の中から好みのものを

Chapter 07.

選んだりすれば、自動的にあいさつ文が完成します。こうしたあいさつ文は定型文で構わないので、自動作成で問題ありません。

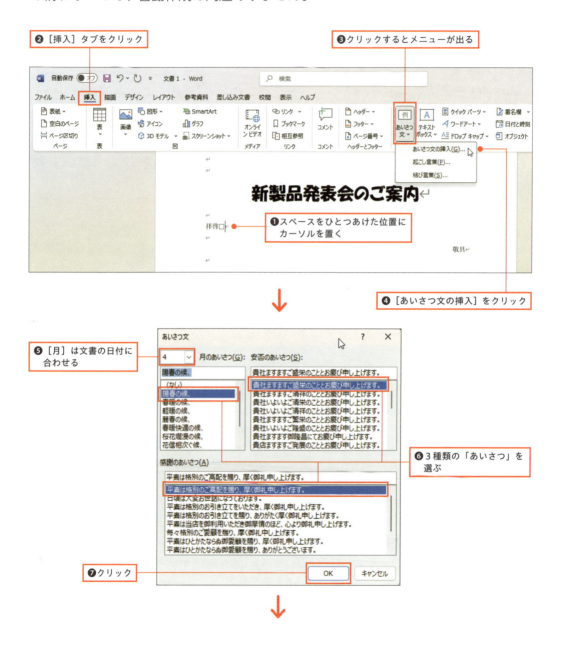

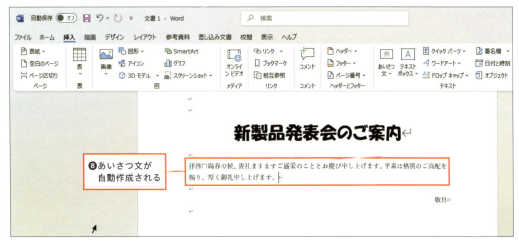

図 7-3-10　あいさつ文の自動作成機能

用紙幅より長い文章

　ビジネス文書では、あいさつ文を書いたら改行して、そこから要件に応じた本文を書きます。ここは自動化できないので、頑張って作文してください。一般的に、「さて、」で要件が始まる書き方が多いようです。

　ここで作っている文書では、「さて、」から「ロボットです。」までの4行が、ひと続きの文章になっています。途中で改行しないで、どんどん続けて文章を書いてください。用紙の右端まで行くと、自動的に次の行に移動します。自分で改行する必要はありません。「つきましては」の2行も同様です。

　「さて、」の部分と「つきましては」の部分は、ひと続きの文章の先頭部分です。改行から次の改行までのひと続きを、「段落」と呼びます。日本語の文章では、「字下げ」といって、段落の先頭はスペースをひとつあけることになっています。

メールは字下げしない

本文でも解説しているように、通常の文章では、字下げといって、段落ごとに先頭でスペースをひとつあけます。しかしメールでは、字下げしないで、左端に揃えて文章を書くのが一般的です。

Chapter 07.　Wordの基本操作を身につける！　201

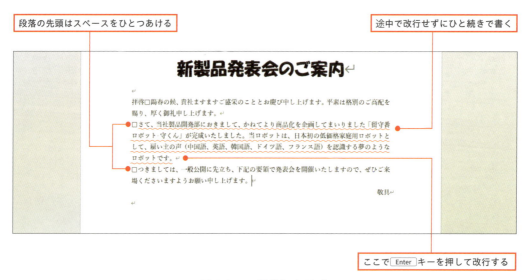

図 7-3-11　段落と字下げ

箇条書き部分の作成

　ビジネス文書では、細かい内容は文章部分に書くのではなく、箇条書きにします。
　箇条書きの部分は、「記」という1文字を書いて中央揃えにし、その下に書きます。箇条書きを書き終わったら、右揃えで「以上」と書いておきます。このように「記」という文字を見出しにして書くため、箇条書きの部分を「記書き（きがき／しるしがき）」と呼びます。
　Wordでは、「記」と1文字書いて Enter キーを押すと、自動的に「記」が中央揃えになり、さらに右揃えの「以上」が入ります。「記」と「以上」の間の部分を使って、箇条書きを作ればいいわけです。

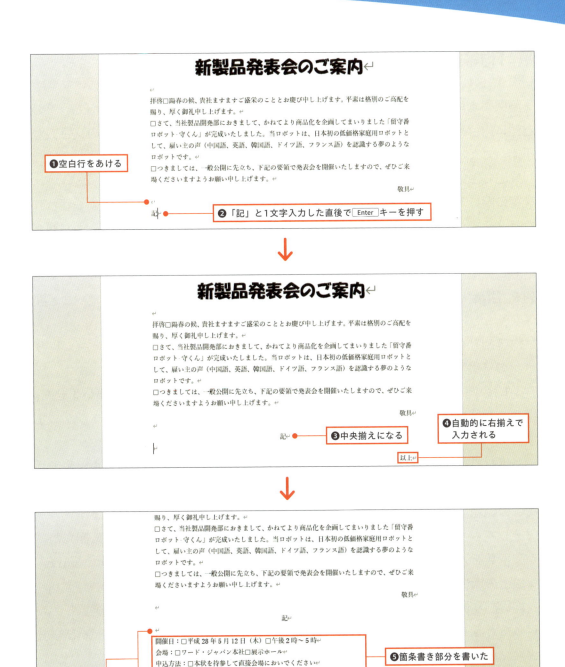

図 7-3-12　箇条書きの設定

「均等割り付け」の設定

　箇条書きの各行は、「開催日」「会場」「申込方法」などの見出しを書いて、その右側に内容を書くというスタイルが一般的です。この場合、見出し部分の文字数が不揃いだと、とても読みにくくなります。

　見出し部分の文字数を揃えるためには、たとえば「会　　場」などというように、文字の間にスペースを入れて調整する、という方法があります。以前はよく使われた方法ですが、最近はプロポーショナルフォント（208ページ参照）という問題があるため、この方法ではきれいに揃えられないことがあります。

　そこで使われるのが、「均等割り付け」の機能です。この機能は、選択した文字列を「指定した文字数の幅に揃える」という働きをします。フォントの種類など関係なく、とにかく「4文字幅」と指定すれば4文字分の幅になります。

　均等割り付けをするためには、対象の文字列を選択しておいて、[ホーム]リボンの[段落]グループにある[均等割り付け]のボタンをクリックします。図7-3-13の例では4行分まとめて選択してありますが、1行ずつやっても構いません。複数の範囲を選択するためには、Ctrlキーを押したまま文字の上をドラッグします。

　リボンで[均等割り付け]ボタンをクリックすると、小さな設定パネルが表示されます。ここで「現在の文字列の幅」というのは、選択してある文字列の文字数です。複数の範囲を選択してあれば、その中で一番長い部分の文字数を表示します。

　そしてもうひとつの[新しい文字列の幅]という入力欄に、何文字幅に揃えたいか文字数を入力します。「4.5文字」というように、1文字単位でなくても構いません。

　以上の操作で、選択しておいた部分の幅がきれいに揃います。

　均等割り付けを解除したい場合は、均等割り付けになっている部分を選択し、設定したときと同様に均等割り付けの機能を呼び出して、設定パネル左下の[解除]ボタンをクリックしてください。

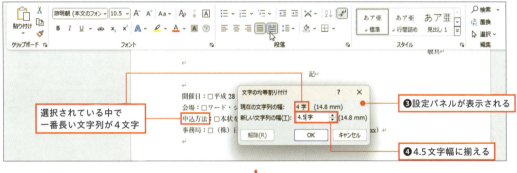

図 7-3-13　均等割付けの設定

> **POINT**
>
>
>
> **均等割り付けで縮小**
>
> たとえば現在 4 文字あるところで、新しい文字数を 3 文字に指定すると、文字の横幅を縮小して 3 文字幅にします。均等割り付けは、文字幅の縮小にも使えるわけです。

行間隔の設定

　箇条書きになっている部分は、少し行間隔を広くしてやると、見やすくなります。空白行で調整する方法だと1行単位の増減しかできませんが、リボンにある機能を使うと、行間隔を1.5倍にする、といった設定も可能です。

　そのためには、行間隔を設定したい範囲を選択しておいて、[ホーム]リボンの[段落]グループにある、[行と段落の間隔]ボタンを使います。このボタンをクリックするとリストが表示され、行間隔を倍率で変更できます。「ほんの少し広げる」という「1.15倍」も、意外に便利です。

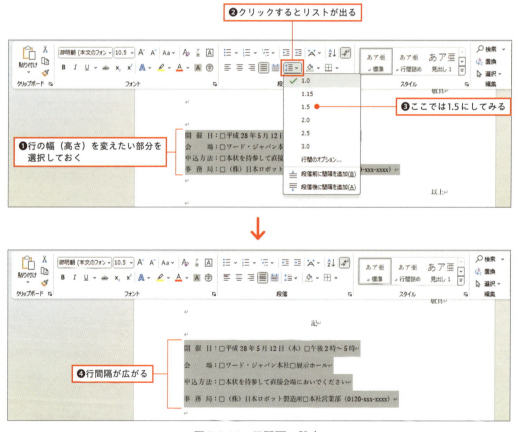

図 7-3-14　行間隔の設定

全体の体裁の調整

　以上で、文書がほぼ完成しました。最後に、画面右下にあるズームの機能を使って、文書全体を見てみましょう。
　この状態で全体のバランスを見て、必要なら空白行を挿入や削除をしたり、前項のように行間隔を倍率で変更するなどして、全体的に調整します。行間隔だけでなく、見出しの書体やフォントサイズなどもチェックし、全体の体裁を整えます。

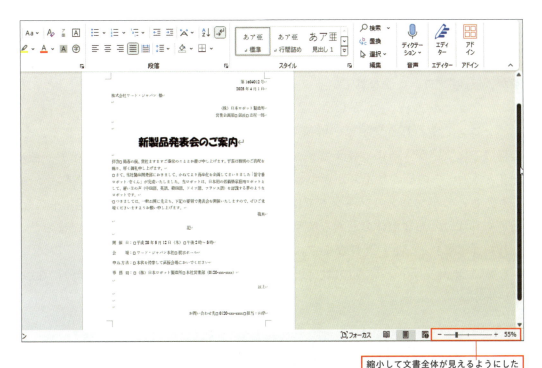

縮小して文書全体が見えるようにした

図 7-3-15　全体のバランスを調整

POINT　アルファベットと数字は半角

Word に限らず、パソコンで文書や表を作る場合、アルファベットと数字は半角文字を使用する、というのが基本です。ただし、フォントによっては全角文字の方がきれいに見えることもありますので、文書全体のバランスで選択するといいでしょう。

Chapter 07.

Wordの基本操作を身につける！

7-4 これだけは覚えたい実用テクニック

▌プロポーショナルフォントの話

　文書を作るための基本は文字です。パソコンでは文字のことをフォントと呼びますが、現在パソコンに使われているフォントには、「等幅（とうはば）フォント」と「プロポーショナルフォント」という、2つの種類があります。

　パソコンで使われる文字は、「1文字のサイズ」という四角い枠を想定して、その枠の中に文字が入るようにデザインされています。文字のサイズ（ポイント数）を変えると、この枠のサイズが変わって、文字の大きさが変化するわけです。

　もともとのパソコンのフォントでは、たとえば「20ポイント」と文字サイズを指定すれば、どんな書体のどんな文字でも、枠の大きさは同じになっていました。これを「等幅フォント」と呼びます。

　なお、「半角文字」というのは、同じポイント数の場合、枠の横幅が半分になっています。

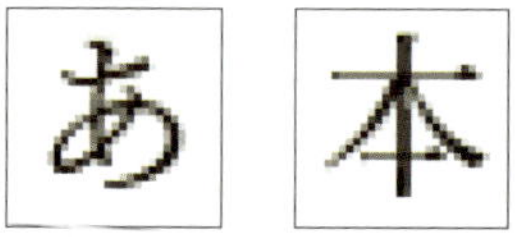

図 7-4-1　等幅フォント

　しかし、図7-4-2を見てください。上側の行が等幅フォントで書いたものですが、「i」という文字の部分だけ、たとえば「d」という文字の両側と比べて、文字間隔が広いように見えます。実際にはすべての文字が同じ間隔なのですが、「i」や数字の「1」のように細長い文字の場合、「文字の枠」の中で両側に空白ができてしまうため、見かけ上文字間隔が広く見えてしまうのです。

それに対して図7-4-2下側の行は、「ｉ」も「ｄ」も、両側の間隔が同じくらいになっています。これを「プロポーショナルフォント」といい、すべての文字で横幅を同じにせず、見かけ上の文字間隔がきれいに揃うように、幅の狭い文字は枠の横幅も狭くしてあるのです。ドラッグして「ｉ」という1文字を選択してみると、図7-4-3のように、明らかに幅が違うのがわかります。

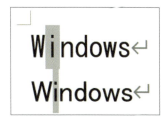

図 7-4-2　等幅フォントとプロポーショナルフォントの文字間隔

　プロポーショナルフォントは見かけの文字間隔が揃ってきれいなのですが、ひとつ問題があります。文字によって幅が異なるため、図7-4-3のように、上下の行で微妙に文字の位置がずれるのです。

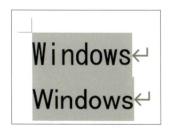

図 7-4-3　文字の位置のずれ

> **POINT**
>
>
>
> **等幅か？プロポーショナルか？**
> 自分の選んだフォントがプロポーショナルか等幅かは、調べてみないとわかりません。フォント名に「P」と入っているプロポーショナルフォントもありますが、フォント名の付け方に統一ルールはないので、「P」と入っていないプロポーショナルフォントもあります。また、最近のフォントは「全角等幅・半角プロポーショナル」という複合型も多くなっていて、Windows11 標準の「游明朝」や「游ゴシック」もこのタイプです。

このような「ずれ」は、1文字単位とか半角単位というようにきりのいいものではないため、箇条書きなどで間にスペースを入れて書いた場合、図7-4-5のように、上下の行で文字が揃わなくなります。こうした問題に対応するためには、次項以降で解説するように、スペースではなく、タブを使って間をあけるテクニックが必要になります。

図7-4-4　文字幅の「ずれ」への対応

Tabキーで間をあけるテクニック

　前項の図7-4-4では、講座名と時間の間をスペースで空けてあります。この方法だと、プロポーショナルフォントの影響で、時間の部分がきれいに揃っていません。使っているフォントはWindows標準の游明朝ですが、游明朝・游ゴシックは「全角等幅・半角プロポーショナル」という複合型なので、各行の半角文字部分でずれが出てしまいます。

　こうした場合、間をスペースで空けるのではなく、Tabキーを使うときれいに揃えられます。

　Tabキーは、行の左端から4文字目・8文字目・12文字目というように、4の倍数の位置まで間をあけます。左側の位置が微妙に違っても、右側は必ず4の倍数の位置に揃うので、プロポーショナルフォントでもずれません。

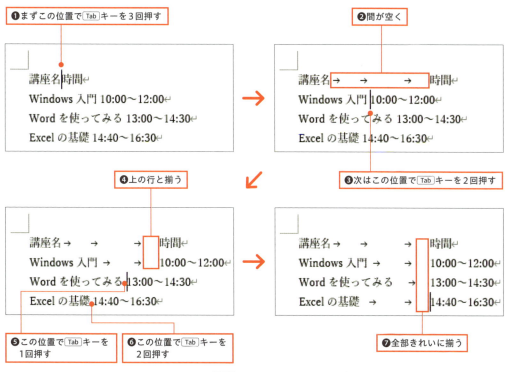

図 7-4-5 Tab キーによる位置の調整

タブとタブマーカーで自由に位置を設定

　前項で解説したタブによる揃え方は簡単ですが、4文字刻みの決まった位置にしか揃いません。自分で細かく位置を決めて揃えたい場合は、タブの右端の位置を自由に設定できる、「タブマーカー」というものを使います。タブとタブマーカーを組み合わせてきれいに揃えるテクニックは、Wordで整った文書を作るために不可欠です。

　タブマーカーを使うためには、画面に「ルーラー」と呼ばれる目盛を表示しておく必要があります。そのためには、リボンの［表示］タブで、［ルーラー］にチェックを付けてください。

Chapter 07.

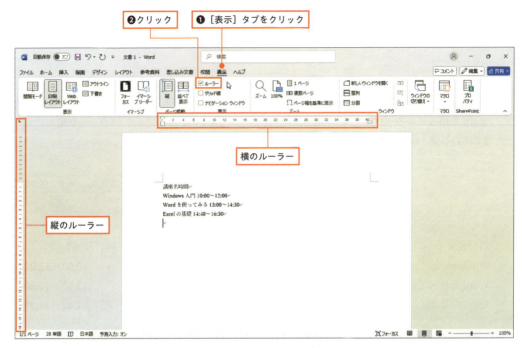

図7-4-6　ルーラーの表示

　文字の位置を揃えるためには、まず揃えたい行をまとめて選択しておいて、上側のルーラーをクリックします。ルーラーの上下中央ではなく、少し下よりをクリックするのがコツです。クリックした位置にL型のマークが付き、ここにタブの右端が揃います。このLマークをタブマーカーといい、Tabキーを押すとこの位置まで移動するという目印です。

　一度設定したタブマーカーは、マウスでよく狙って左右にドラッグすれば、移動できます。また、上下にドラッグすれば削除できます。

　なお、タブマーカーは、文書全体ではなく段落単位に設定されるので、図の例のように、対象範囲を選択して設定する必要があります。

　タブマーカーを付けただけでは、文字は移動しません。図7-4-7のように、間を開けたい部分に文字カーソルを置いて、Tabキーを押してください。タブマーカーはタブの右端を示すマークであり、それ自体が間をあける機能ではありません。

Tabキーは、何も設定しないと4文字刻みの位置まで間をあけますが、タブマーカーがあれば、マーカーの位置まで間をあけます。

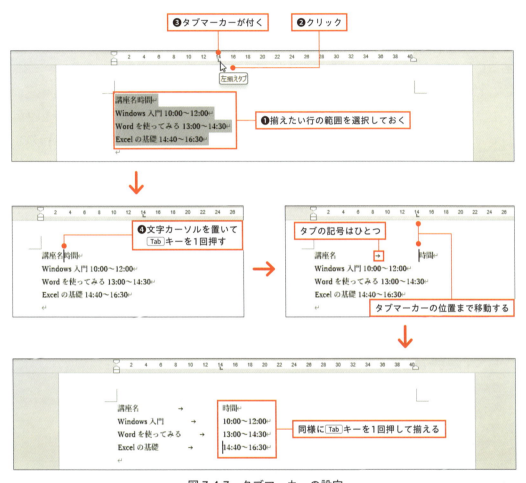

図7-4-7　タブマーカーの設定

「左インデント」の設定

　箇条書きのような部分は、全体的に少し右に寄せたい、という場合があります。そんなときは、「左インデント」を設定します。

　インデントは、［レイアウト］リボンの［インデント］欄に数値を入力するか、あるいは数値入力欄の右側にある［▲］［▼］ボタンをクリックして増減できます。ここで使う数値は、何文字分右にずらすかという文字数です。

　もうひとつの方法として、前項のようにルーラーを表示してある場合、行を選択しておいてルーラー左端の［インデントマーカー］を右にドラッグすれば、行の左端を移動することもできます。このとき、インデントマーカー一番下の四角い部分を指して、ドラッグしてください。

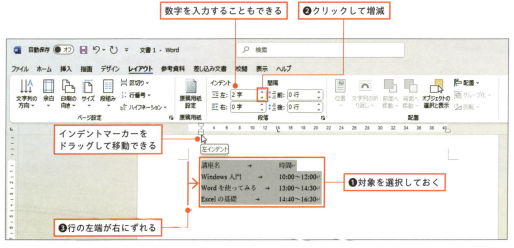

図 7-4-8　インデントの設定

MEMO　単位付きの数値欄

Word 全体に共通する操作として、「2 字」「0 行」などというように数値に単位が付いている入力欄は、単位を無視して数値だけ入力してかまいません。自動的に所定の単位が付きます。

行間隔を細かく調整

［ホーム］リボンの［段落］グループに行間隔を設定する機能がありますが、行間隔を広げることしかできません。また広げる場合にも、細かい倍率の指定はできません。

Wordで行間隔を自由に設定するためには、対象になる範囲を選択しておいて、行間隔のリストから［行間のオプション］を選んでください。あるいは、［段落］グループ右下の ボタンをクリックしても、同じ設定画面を呼び出せます。

設定画面が表示されたら、まず［行間］の欄をクリックしてリストを出します。ここで［固定値］を選ぶと、右側の［間隔］欄で行間隔を設定できます。数値の単位は「ポイント」で、これは文字サイズの設定に使っている数値と同じものです。

実は、Wordには「行間隔」という設定機能はありません。ここで設定できるのは、「1行の高さ」です。たとえば文字サイズが10.5の行で［間隔］を10.5に設定すれば、行と行の間隔がゼロになります。同様に［21］に設定すれば、行間隔が1文字分になるわけです。

図7-4-9のリストで［固定値］のかわりに［倍数］を選ぶと、右側の［間隔］欄に倍率を入力して、「倍率1.75」といった細かい設定もできます。ただし、倍率は1.0以上なので、行間を狭くしたい場合は［固定値］を使います。

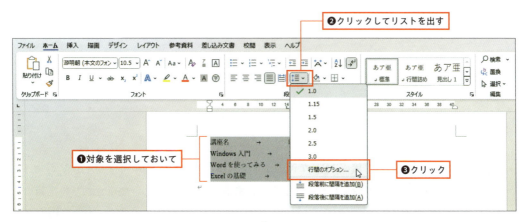

Chapter 07.

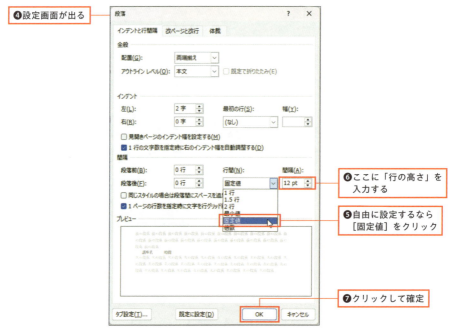

図 7-4-9　行間隔の詳細設定

文字や背景に色を設定

　リボンの［フォントの色］ボタンを使うと、文字の色を自由に変更できます。また［蛍光ペンの色］ボタンを使うと、蛍光ペン（ラインマーカー）で色を塗るようなイメージで、文字の背景に色を付けることができます。いずれの場合も、まず対象範囲を選択しておいて、各ボタン右横の［∨］をクリックして色を選んでください。

MEMO　倍率1.0 の「固定値」

行間隔の「倍率1.0」が何ポイントに相当するかは、［レイアウト］リボンの［ページ設定］グループ右下にある をクリックし、表示された設定画面の「行送り」欄で確認できます。基本的には「18 ポイント」が標準ですが、用紙サイズや余白の設定、あるいは1ページの行数設定などで変化します。

文字の色を標準に戻したい場合は、色を［自動］に再設定します。蛍光ペンで付けた色を消したい場合は、［色なし］に再設定です。

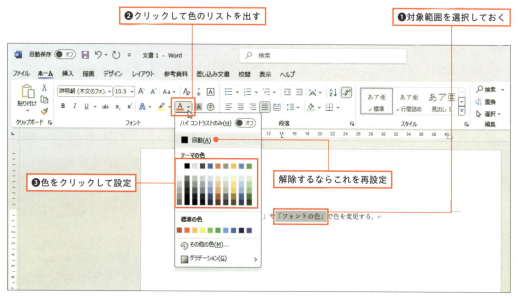

図 7-4-10　フォントの色の設定

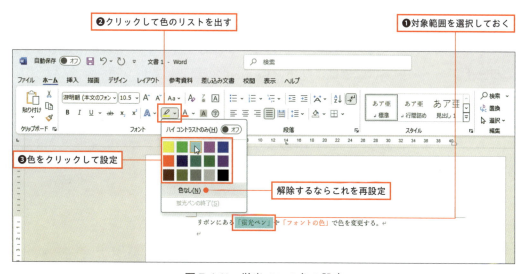

図 7-4-11　蛍光ペンの色の設定

ワードアートで文字を加工

　Wordには、きれいで見栄えのよいタイトルを作るために、「ワードアート」という機能があります。入力した文字を図形のような扱いで加工し、色や影を付けたり、いろいろな形に変形させるなど、さまざまな処理ができます。書体や文字サイズを変えただけのタイトル文字と比べると、格段にきれいです。

　ワードアートを使うためには、リボンの［挿入］タブをクリックし、右のほうにある［ワードアート］ボタンをクリックしてください。するとスタイルのリストが表示されるので、使いたいイメージに合ったものをクリックして選択します。細かい設定はあとからできるので、この段階では大まかな選択でかまいません。

　スタイルを選ぶと、「ここに文字を入力」と書かれた枠が表示されます。この文字は仮に入っているだけなので、消してしまってかまいません。自分で使いたいタイトル文字をキー入力してください。

　タイトル文字をキー入力したら、タイトルのサイズや位置を整えましょう。タイトル枠の角をマウスで指し、マウスポインタが型になったところでドラッグすれば、枠のサイズを変更できます。また、枠線部分を指してマウスポインタが型になったところでドラッグすれば、文書内を自由に移動して配置できます。

　なお、枠のサイズを変えても文字サイズは変わらないので、枠線をクリックして選択した状態で、通常どおり［ホーム］のリボンからフォントサイズを設定します。

　ワードアートの編集状態では、リボンに［図形の書式］という特別なタブが追加され、その中の［ワードアートのスタイル］グループに、色の変更や［影］［反射］などの特殊効果が表示されています。さらに、ワードアートの特徴である［変形］機能もこのリストにあり、図7-4-14のように文字をさまざまな形に変形できます。いろいろ試してみて、きれいなタイトルに仕上げてください。

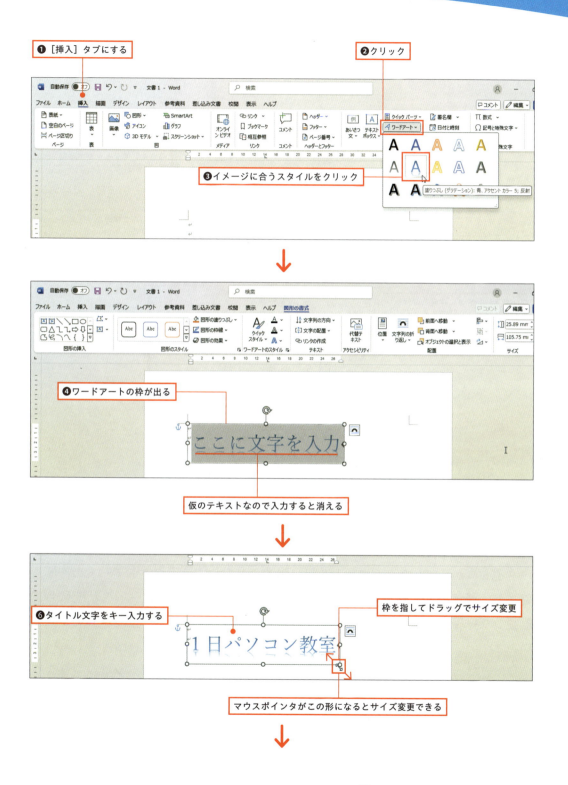

Chapter 07. Wordの基本操作を身につける！　219

Chapter 07.

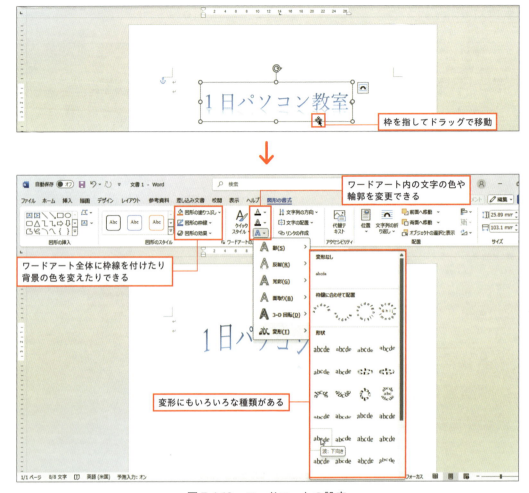

図 7-4-12　ワードアートの設定

　タイトルが完成したら、タイトル枠の外をクリックするとワードアートの作業を終了し、通常の文章編集に戻ることができます。再度ワードアートの状態にして編集したい場合は、ワードアートで作ったタイトルをマウスでクリックしてください。

　なお、ワードアートで作ったタイトルを削除したい場合は、クリックして編集状態にしてから、さらに枠線部分を狙ってクリックし、タイトル枠内の文字カーソルが消えた状態にしてください。そこで Delete キーを押せば削除できます。

ふりがなの表示

　Wordにはふりがな（ルビ）の機能があり、読みにくい漢字などにふりがなを付けることができます。

　ふりがなを付けたい単語を選択して［ホーム］のリボンから［ルビ］ボタンをクリックすると、図7-4-13のような設定画面になります。ここで、［ルビ］の欄にふりがなとして表示したい文字を記入し、［OK］で設定します。ルビの欄は、ひらがなやカタカナはもちろん、アルファベットで入力してローマ字のふりがなにしたり、漢字を書き込むこともできます。

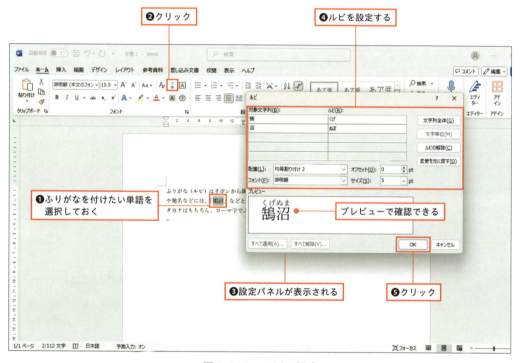

図 7-4-13　ルビの設定

　ルビを使う際には、ひとつ注意があります。ルビを設定した行は、図7-4-16のように行間隔が広がってしまうため、何行かある文章中にふりがなを使うと、行間隔が不揃いになってしまうのです。

Chapter 07.

　こうした場合、ふりがなのある部分をクリックしておいて、リボンの［段落］グループ右下にある、 ボタンをクリックしてください。表示された設定パネルにある［1ページの行数を指定時に文字を行グリッド線に合わせる］のチェックを消すと、行間隔が他の行と同じくらいになります。

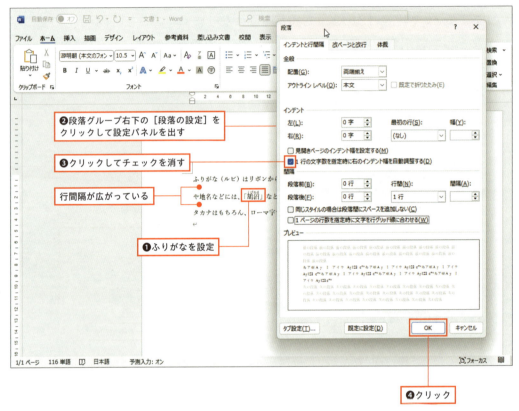

図 7-4-14　ルビを表示した行の間隔設定

MEMO　ふりがなの距離

ルビの設定画面で［オフセット］欄に数値を設定すると、対象の文字とふりがなの間の距離を調整できます。可能なら、1pt 程度でも間をあけておくと見やすくなります。

ページ番号の設定

　ページ数の多い文書では、ページ番号の印刷が不可欠です。通常は印刷されませんが、簡単に設定できます。

　ページ番号を印刷したい場合は、まず［挿入］リボンに切り替えて、中央付近にある［ページ番号］ボタンをクリックしてください。すると短いリストが表示され、ページ番号を用紙のどの位置に印刷するか選びます。たとえば［ページの下部］を選択すると、図7-4-15のように、いろいろなデザインのページ番号が表示されます。ここから選んでクリックすれば、［ページの下部］なら下側の余白部分にページ番号が表示されます。

　なお、一度設定したページ番号を削除したい場合は、図7-4-15に見えている［ページ番号の削除］を使ってください。

　ページ番号は余白部分に表示されますが、同時に、「ヘッダー・フッターの編集」という特別な状態になります。通常の文書編集状態に戻るには、リボンの右側にある［ヘッダーとフッターを閉じる］ボタンをクリックしてください。

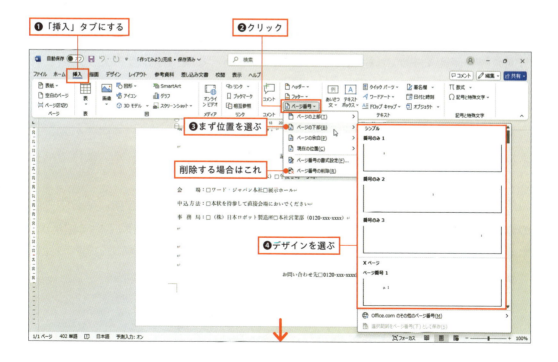

Chapter 07. Wordの基本操作を身につける！　223

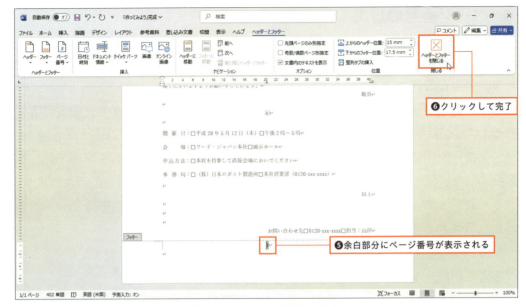

図 7-4-15　ページ番号の設定

ページ罫線の設定

　Wordには、「ページ罫線」といって、用紙全体を罫線で囲む機能があります。普通の線も使えますが、「絵柄」といって、いろいろな模様やイラストが用意されているのが特徴です。

　ページ罫線の機能は、リボンを［デザイン］に切り替えて、右端の［ページ罫線］ボタンをクリックしてください。すると図7-4-16のように、ページ罫線の設定パネルが表示されます。ここで［絵柄］を選んで［OK］をすれば、その模様でページを囲えます。

　絵柄のリストには、たくさんの模様やイラストが用意されています。その中で色の付いているものは、色の変更はできません。しかし黒で表示されている絵柄は、すぐ上にある［色］の欄で、黒以外に変更できます。また、［線の太さ］を変更すれば、イラストや模様の大きさを変更できます。

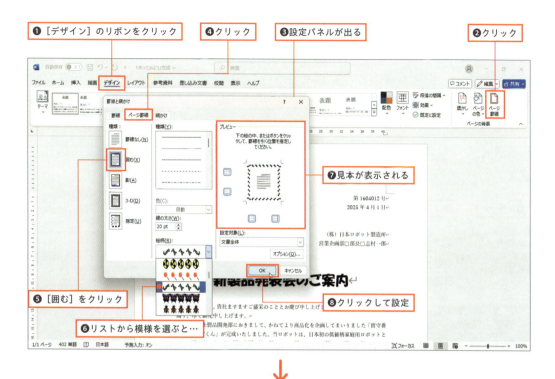

図 7-4-16　ページ罫線の設定

Chapter 07. Wordの基本操作を身につける！　　225

Chapter 07.

文書全体への**テーマの適用**

テーマという機能を使うと、文書で使う色の組み合わせを変更したり、その文書で使う標準のフォントを変更したりできます。

テーマの設定は、リボンを［デザイン］に切り替えると、左端に［テーマ］があります。このリストからテーマを選ぶと、色合いやフォントなどが一括して変化します。

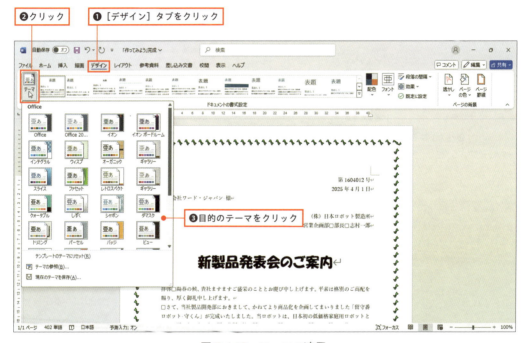

図 7-4-17　テーマの適用

テーマという機能は、「**テーマの色**」「**テーマのフォント**」「**テーマの効果**」という3つの要素から成っています。これらは、個別に変更することもできます。

たとえば［デザイン］リボンの右のほうにある［配色］ボタンをクリックすると、図7-4-18のようにリストが表示され、色を選ぶことができます。テーマの色というのは、ひとつの色を選ぶのではなく、色のセットを選んで差し替えるようになっています。「配色」を変更してから「フォントの色」などを表示してみると、色がまとめて変更されているのがわかります。

226　4冊目　Word入門

もうひとつの要素である「テーマのフォント」は、図7-4-19のように、原則として3種類のフォントがセットになっています。一番上がアルファベットや数字など半角文字のフォント、そのすぐ下が見出しなどに使うフォントで、一番下が通常の文章に使うフォントです。個別にフォントを指定してあればそれが優先されますが、特に自分でフォントを指定していない部分の文字は、この指定に従って変化します。「この文書では特に指定しない文字はすべてメイリオ」といった場合、ここで設定しておけばいいわけです。

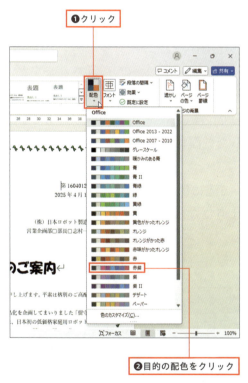

図 7-4-18　テーマの色の設定

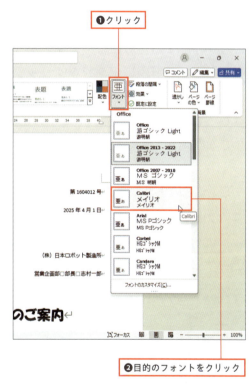

図 7-4-19　テーマのフォントの設定

Chapter 08.

Wordの活用テクニックを身につける！

8-1 表作成の操作

表の**作成**

　表を作成するためには、まず表を作成したい位置に文字カーソルを置いて、[挿入] リボンの [表] ボタンをクリックします。するとメニューが表示されますが、ここで表の作り方は2種類あります。

　ひとつは、表示されたメニューの上側に並んでいる、小さな四角を使う方法です。小さな四角が1セルという扱いで、クリックした位置に応じたサイズの表が作られます。

　なお、このように小さな四角で表を作っている際には、上側に「表（5行×3列）」というように表示され、行数と列数がわかるようになっています。

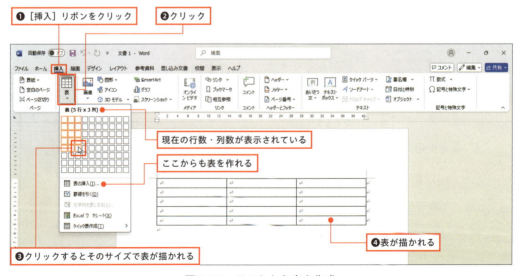

図 8-1-1　リストから表を作成

このように小さな四角で作れるのは、最大で8行×10列までです。A4の用紙なら1ページに30〜40行くらいの表を作れるので、8行ではとても足りません。
　そうした場合は、図8-1-1のメニュー下側に見えている、[表の挿入] を使います。これをクリックすると、図8-1-2のように小さな設定パネルが表示され、ここで行数と列数を指定して表を作れます。

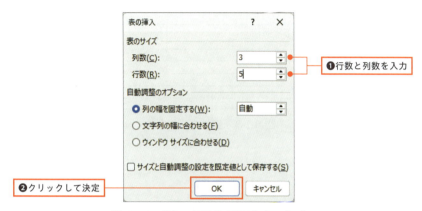

図 8-1-2　[表の挿入] 画面からの作成

　表に文字を記入するためには、記入したいセルをマウスでクリックします。すると文字カーソルがクリックしたセルに移動し、そのセルに入力できるようになります。セルの中では、普通の文章と同じように、自由に文字を編集できます。
　あるいは、キーボードの↑↓←→キーを使うと、セルの間を自由に移動できます。連続して表にデータを書き込むような場合は、いちいちマウスに持ち替えるより、キー操作のほうが楽かもしれません。

 MEMO　**セル、列、行**
表のマス目ひとつを「セル」と呼びます。セルが縦に並んでいるのが「列」、セルが横に並んでいるのが「行」です。日本語的には「横一列」といった使い方もありますが、コンピュータの世界では、必ず「縦が列、横が行」です。

なお、セルの幅より長い文字列を入力した場合、自動的にセル幅で折りたたまれて、複数行になります。それに応じてセルの高さが広がってしまうので、注意してください。セル(行)の高さは、入力されている行数より狭くすることはできません。セル幅を変更したり文字を削除するなどして1セルに収まるようになれば、自動的にセルの高さも狭くなります。

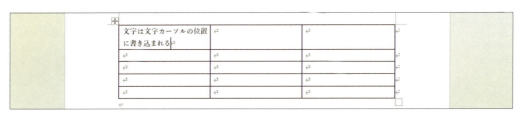

図 8-1-3　表に文字を入力

表の範囲を選択

表に対していろいろな機能を使うためには、通常の文章と同様、対象を選択する必要があります。基本になる選択の仕方を覚えておきましょう。

まず、ひとつのセルを選択するためには、セルの左端をマウスで指して、マウスポインタがという形になったところでクリックします。

たいていの機能は、このようにきちんとセルを選択しなくても、普通にクリックして文字カーソルをそのセルに置いただけで、セルを選択したことになります。しかし機能によっては、このようにきちんと選択しないといけないものもあります。

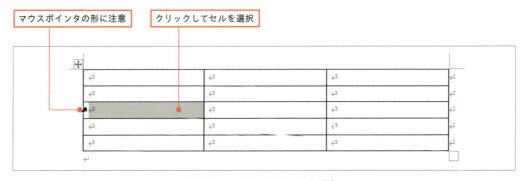

図 8-1-4　ひとつのセルを選択

図8-1-4のようにセルを選択する状態で、クリックするかわりにドラッグすると、図8-1-5のようにセル範囲を選択できます。セル範囲の選択は、とてもよく使う機能です。

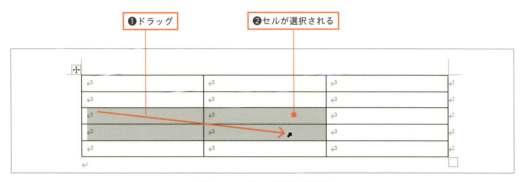

図 8-1-5　セル範囲を選択

　行や列を選択したい場合は、列選択なら図1-8-6のように表の上側、行選択なら図8-1-7のように表の左側で、各々、マウスポインタが図のようになった状態でクリックします。クリックのかわりにドラッグすれば、複数の行や列を選択することもできます。
　なお、表の左上角に小さな四角がありますが、これをクリックすると、ワンタッチで表全体を選択できます。

図 8-1-6　列の選択

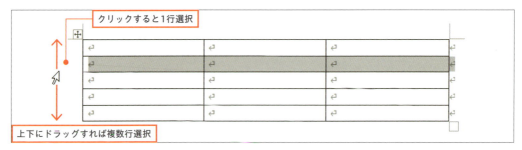

図 8-1-7　行の選択

行や列の挿入と削除

　表に行や列を追加したい場合、行なら追加したい位置の左側、列なら追加したい位置の上側で、表の少し外側にマウスポインタを移動してみてください。行や列の境目に＋を丸で囲んだマークが表示され、クリックすると行や列が**挿入**されます。

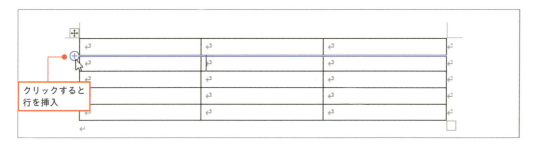

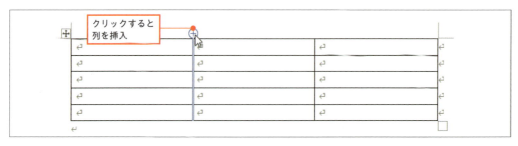

図 8-1-8　行や列の挿入

　もうひとつの方法として、リボンからも行や列の挿入ができます。まず、行や列を挿入したい位置でセルをクリックしておき、リボンから［上に行を挿入］［左に列を挿入］といった機能を選んでください。

実は、図8-1-8の方法だと、表の1行目や1列目に挿入ができません。しかしリボンの機能を使う方法なら、1行目や1列目でも問題ありません。

　行や列を削除したい場合にも、挿入の場合と同様に、図8-1-9のようなリボンの機能を使います。削除したい行や列に対応するセルをクリックしておいて、[削除]アイコンから出したメニューで削除してください。[表の削除]にすれば、表全体を削除することもできます。

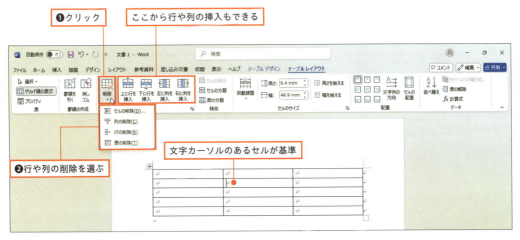

図 8-1-9　行や列の削除

　キー操作で削除する場合は、行や列、あるいは表全体を選択しておいて、Back space キーを押します。Delete キーではできないので注意してください。

列幅と行の高さの変更

　列幅や行の高さを変更したい場合は、行や列の境目の線をマウスで指して、マウスポインタが「」「」といった形になったところでドラッグしてください。ドラッグによって線が移動し、列幅や行の高さを変更できます。

　もうひとつの方法として、列の境目の縦線をマウスで指し、マウスポインタの形がになったところで、ドラッグの代わりにダブルクリックしてみてください。自動調整機能が働いて、セルに記入してある文字に合わせたセル幅になります。

Chapter 08.

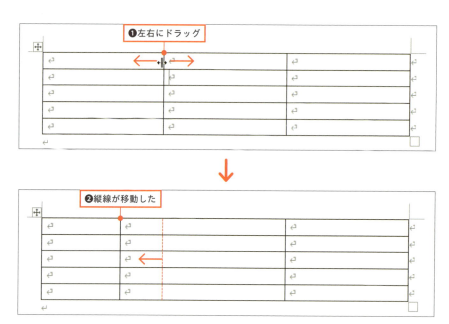

図 8-1-10　列幅の変更

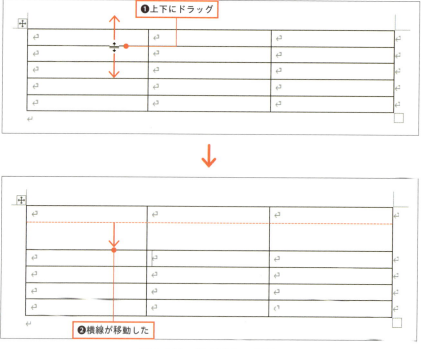

図 8-1-11　行の高さの変更

234　4冊目　Word入門

複数の列や行で幅や高さを揃えたい場合、揃えたい行や列を複数選択しておいて、[テーブルレイアウト] リボンの [高さ][幅] 欄の数値を変えてみてください。
　表全体を選択しておいてこの機能を使えば、表全体の列幅や行高を統一して調整できます。

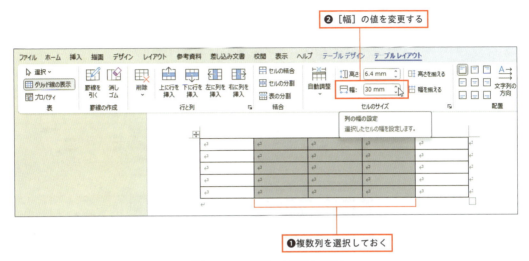

図 8-1-12　複数の列幅の変更

> MEMO **1セルだけ幅を変える**
> セルを選択状態にしておいて、隣のセルとの境目の縦線をドラッグすると、1セルだけ幅を変えることができます。元に戻したい場合は、セルの境目の縦線をドラッグして、上下のセルの境目とぴったり合わせてください。

Chapter 08.

セル内の文字の配置の調整

　セル内での文字の配置を変更したい場合は、対象になるセルや範囲を選択しておいて、[テーブルレイアウト] リボンの [配置] 欄のボタンを使います。9つのボタンがセットになっていて、これらがセル内での文字位置に対応します。

　通常の状態では、セルに記入した文字は、セル内で [上揃え／左揃え] という配置になっています。9つある左上のボタンに対応します。

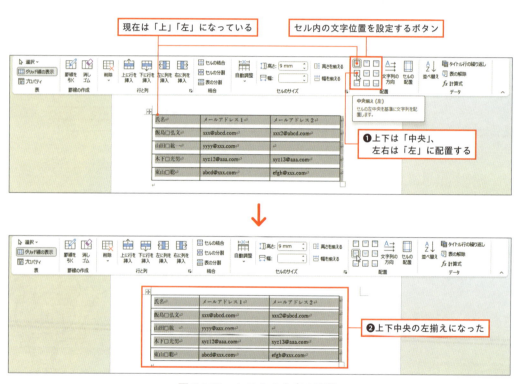

図 8-1-13　セル内の文字の配置

POINT

表全体の配置

表を用紙の左右中央に配置したいような場合は、まず表全体を選択しておいて、[ホーム] リボンの [段落] グループにある、[中央揃え] を使います。同様に、左揃えや右揃えもできます。

セルの塗りつぶし

　セルに色を付けたい場合は、色を付けたいセル範囲を選択しておいて、［テーブルデザイン］リボンの［塗りつぶし］ボタンを使います。解除する場合は、色のリスト下側にある［色なし］に再設定してください。

　なお、Wordを仕事で使っている場合、こうした表は白黒のプリンタで印刷することが多いでしょう。白黒のプリンタで印刷した場合、色が付いたセルは、色に応じた灰色になります。それならば、最初から色のリスト左側にある灰色で塗っておいたほうが、自分で選んだ濃さにできます。これは、文字の色でも同様です。

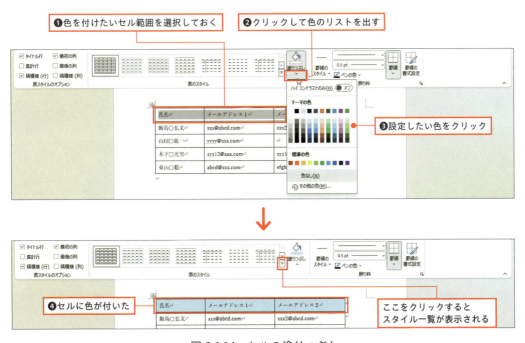

図 8-1-14　セルの塗りつぶし

　［テーブルデザイン］リボンにある［表のスタイル］を使うと、表全体のスタイルを一度に設定できます。セルの色だけでなく、文字の色や罫線なども、あらかじめ作ってあるデザインに従って一括設定されます。スタイル機能は自動的に表全体が対象になるので、セルを選択しておく必要はありません。セルを適当にクリックしておいてください。

表の罫線の種類を変更

　表を作った直後は、細い線でセルが区切られています。こうした罫線は、あとから自由に変更できます。

　罫線を設定するためには、まず、線を引きたいセル範囲を選択しておきます。たとえば表の1行を選択しておいて「下側に線を引く」とか、表全体を選択しておいて「外側に線を引く」といった指定になります。

　実際の罫線機能は、［テーブルデザイン］リボンの右側にある［飾り枠］です。ここで、図8-1-15のように、まず線の種類や色を決めてから、［罫線］ボタンで線を引きます。

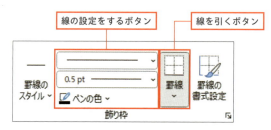

図 8-1-15　罫線を設定するボタン

　実際の操作は、図8-1-16を見てください。対象のセル範囲を選択した状態で、まず線の種類を選びます。次に線の太さを選びますが、2重線や3重線などを選んだ場合は、ちょっと太くしておかないと線の違いがよく見えません。

　次に線の色を選んだら、最後に［罫線］ボタンで線を引きます。［罫線］ボタンは上下に分かれていて、下側をクリックするとリストが出ます。図の例では［下罫線］ですから、選択しておいたセル範囲の下側に線が引かれています。

　罫線の種類や色を変更せず、他の場所に線を引きたい場合は、セルを選択して［罫線］ボタンという操作を繰り返します。

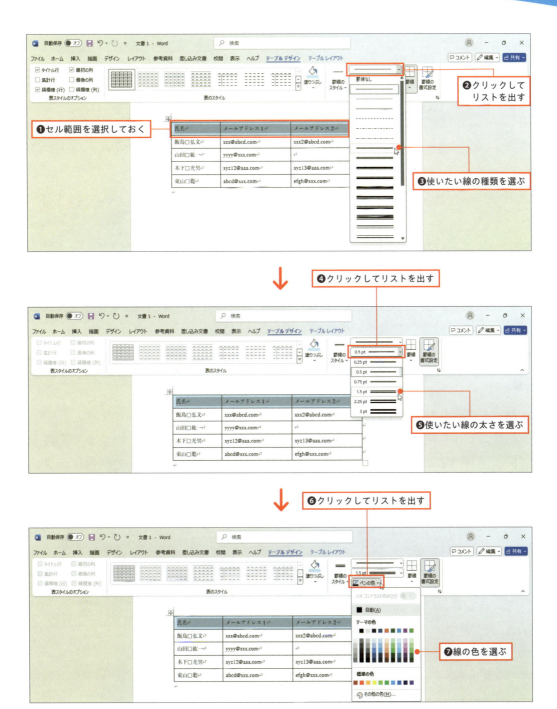

Chapter 08. Wordの活用テクニックを身につける！　239

Chapter 08.

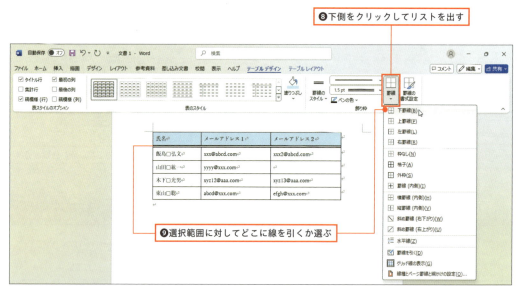

図 8-1-16　表の罫線を設定

セルの結合と分割

　セルを結合したり分割したりして、複雑な形の表にすることも可能です。

　複数のセルを結合してひとつのセルにしたい場合は、まず結合したいセル範囲を選択しておいてから、[テーブルレイアウト] リボンにある [セルの結合] ボタンをクリックします。図の例では2つのセルを結合していますが、もっとたくさんのセルを選択しておいて、ひとつに結合することもできます。

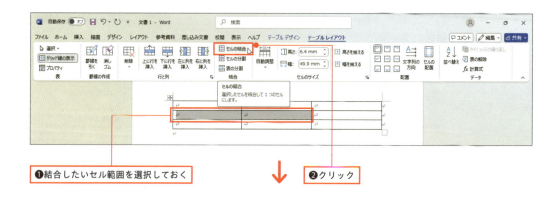

図 8-1-17　セルの結合

　逆にセルを分割したい場合は、分割したいセルを選択しておいて、[テーブルレイアウト] リボンにある [セルの分割] ボタンをクリックします。すると小さな設定パネルが表示され、ここで縦横を何分割するか設定できます。[列数]が横の分割、[行数] が縦の分割で、[1] を指定すれば分割なしになります。

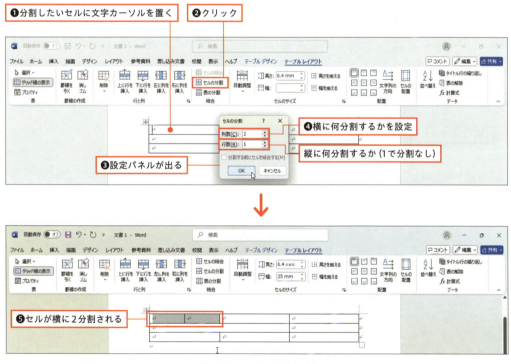

図 8-1-18　セルの分割

　セルの結合や分割には、「解除」という機能はありません。結合したセルは分割、分割したセルは結合で元に戻せます。

Chapter 08.

Wordの活用テクニックを身につける！

8-2 　図形の操作

図形の描画

　Wordには、図8-2-1のように、たくさんの種類の図形が用意されています。四角や丸などの基本形のほか、矢印や文字を書くための吹き出しなど、自由に文書に配置できます。

　図形を描くためには、［挿入］リボンの［図形］ボタンをクリックして、図8-2-1のように図形の一覧を出します。一覧から描きたい図形を選んでクリックしたら、あとは画面で紙の上をドラッグするだけです。図形のサイズや位置は、あとから自由に変更できます。

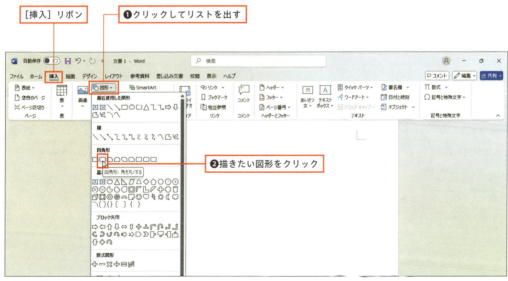

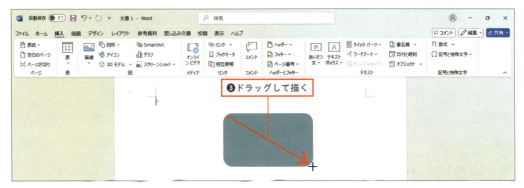

図 8-2-1　図形の描画

　正方形や正円（真円）を描きたい場合、図形の一覧から［正方形／長方形］や［楕円］を選択し、Shiftキーを押した状態でドラッグします。

　丸や四角以外の図形の場合、Shiftキーを押しながら図形を描くと、図形の外枠が正方形になった形で描かれます。線の場合は、Shiftキーを押しながら描くことにより、水平線／垂直／45度の線を描くことができます。

　描いた図形を削除したい場合は、図形をクックして選択しておいて、Deleteキーを押してください。

位置やサイズの調整

　図形を描いた直後、あるいは図形をクリックして選択すると、図8-2-2のように、図形の周りに小さな丸が表示されます。この小さな丸を「ハンドル」と呼び、ドラッグすることで図形の大きさを変更できます。

　また、図形の中をマウスで指すと、図8-2-2のようにマウスポインタがという形になり、ドラッグして図形を移動できます。

　さらに、図形の上側に飛び出している円を描いた矢印の部分をドラッグすると、図形を回転できます。

　なお、描いた図形の種類によって、「黄色い小さな丸」が表示されることがあります。これはサイズ変更ではなく、図形を変形させるハンドルです。どこがどのように変形するかは、図形によって異なります。

Chapter 08.

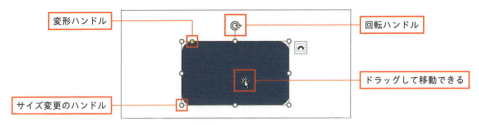

図 8-2-2　図形の位置やサイズの変更

一度描いた図形の種類を変更

　図8-2-3の例では、図形の機能で四角を描いて文字を記入し、このあと解説するような方法で、木目のテクスチャや［面取り］という効果などを設定してあります。
　このように図形にいろいろな機能を設定して加工した後、図形を別の種類に変更したくなった場合、削除して作りなおすのは手間がかかります。Wordの図形機能には、すでに描いてある図形に対して、設定はすべてそのままで形だけ別の種類に変更する、という機能があります。
　図形の種類を変更したい場合、図形を選択しておいて、［図形の書式］リボンの左側にある［図形の変更］ボタンを使います。クリックすると図形の種類一覧が表示されますが、これは新規に描く機能ではなく、選択してある図形の種類を選びなおすためのリストです。
　リストから図形を選ぶと、図8-2-3のように、図形の種類が変わります。変わるのは図形の形だけで、入力してある文字や書式などはすべてそのままです。

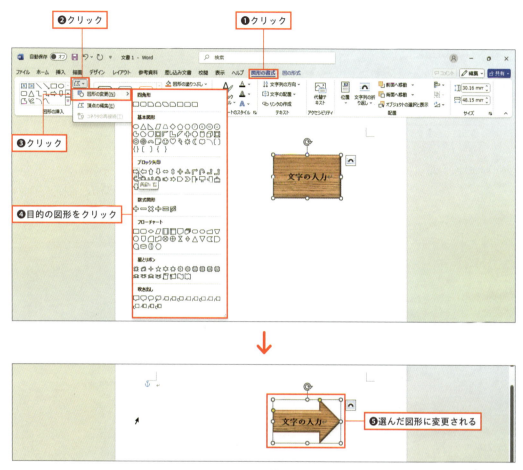

図 8-2-3　図形の変更

色や模様の設定

　図形の色を変えるには、図形を選択しておいて、［図形の書式］リボンの［図形の塗りつぶし］ボタンを使います。表示されたリストから色を選ぶと、図形の色が変わります。

　［図形の塗りつぶし］は、色を変えるだけではありません。下側にある［テクスチャ］を選ぶと、図8-2-5のように、板や紙などいろいろな素材で塗りつぶすことができます。もちろん文字の入力はできますし、他の特殊効果を重ねて設定することもできます。

Chapter 08.

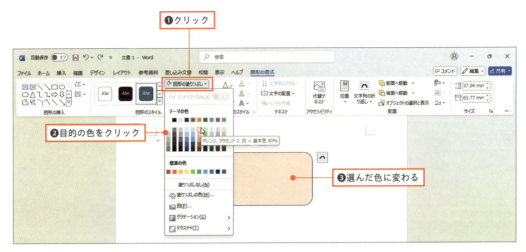

図 8-2-4　図形の色の設定

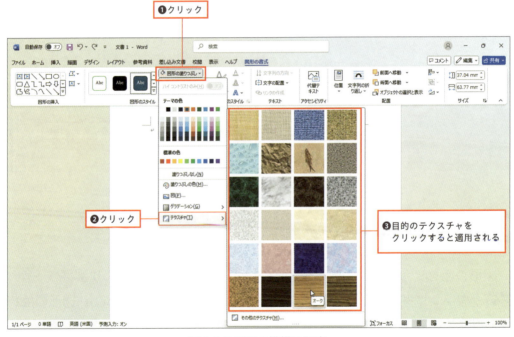

図 8-2-5 図形の模様の設定

　このほか、[グラデーション] を指定して色が変化するような塗りつぶしをしたり、リボンの [図形の枠線] を使って枠線の太さや色を変えたりできます。

図形に対する いろいろな効果

　図形には、輪郭をぼかしたり影を付けたりするような、いろいろな「効果」が用意されています。［図形の書式］リボンの［図形の効果］からリストを出し、設定したい効果を選んでください。

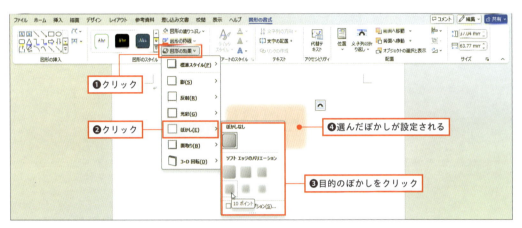

図 8-2-6　図形の輪郭のぼかしを設定

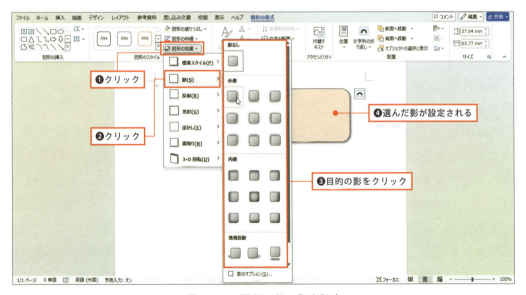

図 8-2-7　図形の外に影を設定

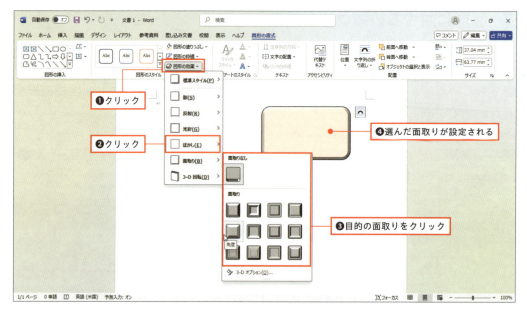

図 8-2-8　面取りの設定

なお、設定した効果を解除したい場合は、設定したときと同じ手順でリストを出し、上側にある「××なし」を選んでください。

図形の「重なり」順

複数の図形がある場合、それらが重なるように配置すると、どういう順番で上に重なるのか、という問題があります。

基本的には、図形は描いた順で上に重なっていきます。重なり順を変えたければ、対象の図形を選択しておいて、[図形の書式] リボンの右側にある [前面へ移動] [背面へ移動] ボタンをクリックしてください。一度クリックするごとに、重なり順がひとつ上下に移動します。

あるいは、[前面へ移動] [背面へ移動] ボタンの右側にある [∨] をクリックしてリストを出すと、[最前面へ移動] [最背面へ移動] を選択できます。この場合、現在の重なり順と関係なく、強制的に一番上や一番下に移動します。

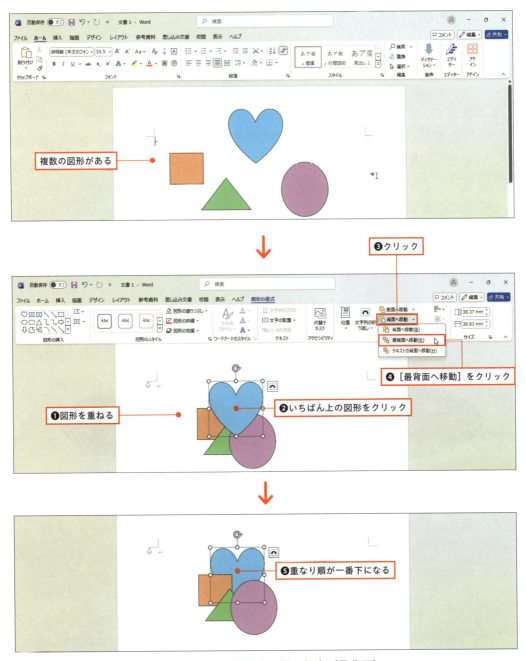

図 8-2-9　図形の重なり順の設定（最背面）

図形の中に文字を入力

　図形に文字を書くためには、特別な機能は必要ありません。図形を選択した状態で、そのまま文字を打ち込んでください。図8-2-10のように、図形の中に文字カーソルが表れて、普通に文章を書いたり編集できます。

　ひとつ注意が必要なのは、標準の状態では図形内の文字は白色になっている、という点です。図形を白やそれに近い色で塗りつぶしてある場合、文字がほとんど見えなくなることがあります。

　図形の中に書いた文字は、普通の文章部分と同様に、書体やフォントサイズ、フォントの色などを設定できます。文字をドラッグして選択すれば部分的に設定することもできますし、図8-2-11のように枠線をクリックした状態で設定すれば、図形内のすべての文字が対象になります。

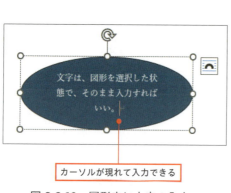

図 8-2-10　図形内に文字の入力

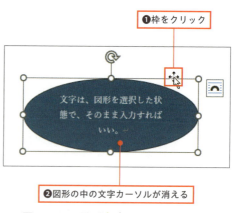

図 8-2-11　図形内すべての文字の選択

MEMO　図形内の文字の配置

図形内の文字の配置は、通常は上下も左右も［中央］になっています。横方向の配置は［ホーム］リボン［段落］グループで、上下方向の配置は［図形の書式］リボンの［文字の配置］で設定できます。

テキストボックスも図形

　Wordには［横書きテキストボックス］［縦書きテキストボックス］という機能がありますが、扱いは図形と同じです。この証拠に、図8-2-12のように、［テキストボックス］という専用の項目のほかに、図形のリストにもテキストボックスがあります。

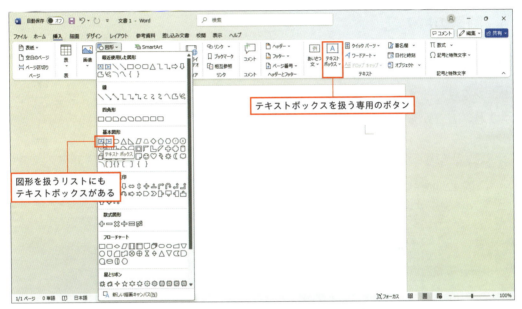

図 8-2-12　テキストボックスも図形と同じ扱い

　［横書きテキストボックス］や［縦書きテキストボックス］を選んだ場合、図形と同様に、画面をドラッグして、長方形のテキストボックスを描きます。テキストボックスは文字を書くためのものですから、描いた直後に、長方形の中に文字カーソルが見えています。
　移動やサイズ変更、フォント関係の設定などは、図形に文字を書いた場合と全く同じです。また図形と同様に、色を指定して塗りつぶしたり、枠線の設定を変更したりできます。要するに、テキストボックスは図形なのです。

Chapter 08.

Wordの活用テクニックを身につける！

8-3 │ 画像の操作

画像の挿入元

　写真やイラストなどの画像を文書内に読み込むためには、[挿入] リボンの [画像] ボタンを使います。このボタンをクリックすると、図8-3-1のようなメニューが表示され、どこから画像を読み込むか選択するようになります。

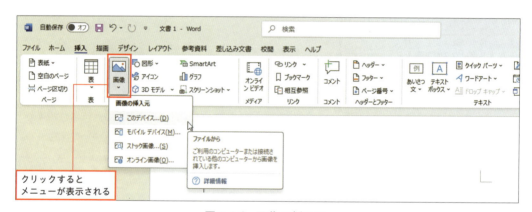

図 8-3-1　画像の挿入元

　メニューの中の［このデバイス］というのは、現在使っているパソコンの中に画像ファイルがある、という場合です。スマホやデジカメなどで撮影した画像を、あらかじめパソコンにコピーしてあるような場合に使います。

　次の［モバイル　デバイス］というのは、事前にパソコンとスマホをペアリングしておき、スマホから直接画像を読み込む機能です。

　3番目の［ストック画像］というのは、マイクロソフトが著作権を管理している画像です。これを選ぶとインターネット経由で専用ホームページにつながり、図

8-3-2のような画面になります。ここで画像を検索し、クリックして選択したら、下側の［挿入］ボタンで文書に読み込めます。

　なお、**ストック画像**の著作権はマイクロソフトが管理していますが、完全フリーというわけではありません。基本的には「文書内で使用する」という制限があります。使い方によっては著作権の問題が発生するので、特に仕事で使用する場合には、注意が必要です。

図 8-3-2　ストック画像の画面

　リストの最後にある「**オンライン画像**」というのは、マイクロソフトが提供しているBing（ビング）という検索サービスを使い、インターネットから画像を検索する機能です。

　この方法でインターネットからダウンロードした画像は、著作権の確認が必要です。不用意に使用すると、権利関係のトラブルになる危険があります。「**クリエイティブコモンズ**」といって、ある程度自由に使える著作権のものが検索されるようになっていますが、著作権が存在しないわけではなく、完全フリーとも限りません。仕事では、オンライン画像は使わないほうが安全です。

Chapter 08.　Wordの活用テクニックを身につける！　253

Chapter 08.

［このデバイス］から読み込む

　前項の図8-3-1で［このデバイス］を選ぶと、図8-3-3のような［図の挿入］という画面になります。ここで目的の画像がある場所を探して表示し、画像をクリックして選択したら、下側の［挿入］ボタンで文書に読み込めます。

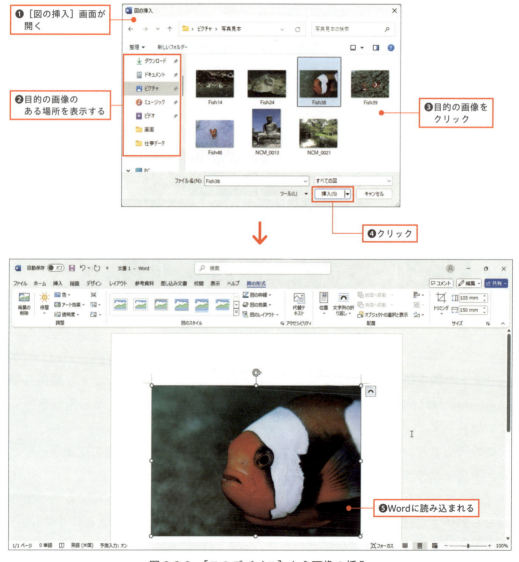

図8-3-3　［このデバイス］から画像の挿入

画像サイズの変更

　前項の図8-3-3のように、文書内に読み込んだ画像は、かなり大きなサイズのものがほとんどです。そのままでは扱いにくいので、細かい調整は後で行うとして、とりあえず少し小さくしておくといいでしょう。

　画像のサイズは、図形の場合と同様に、周りに表示されているハンドルで変更できます。ただし、上下左右の中央にあるハンドルを使うと、縦方向や横方向だけのサイズ変更になり、画像が歪んでしまいます。四隅の角にあるハンドルを使えば、画像の縦横比が崩れないようにサイズ変更ができます。

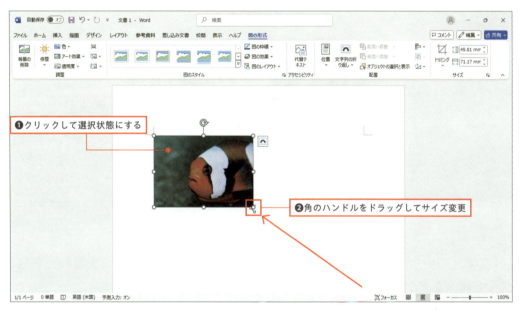

図 8-3-4　画像サイズの変更

画像の移動に関するテクニック

　文書に読み込んだ画像は、ドラッグしても自由に移動できません。図8-3-5のように画像右上の［レイアウトオプション］をクリックし、［文字列の折り返し］を設定する必要があります。

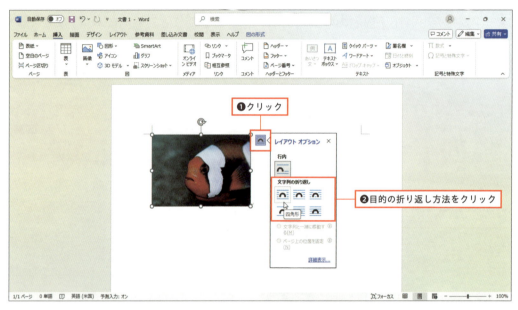

図 8-3-5　レイアウトオプションの設定

　「文字列の折り返し」というのは、文章が書いてある部分に画像を重ねた場合、文字と画像をどう扱うかという設定です。

　たとえば図8-3-5で［四角形］をクリックして選ぶと、画像をドラッグして自由に移動できるようになります。そして、図8-3-6のように画像を文章部分に移動すると、文字をかき分けるようにして画像が移動します。文字は画像を避けて移動しているので、画像が重なって読めなくなることはありません。

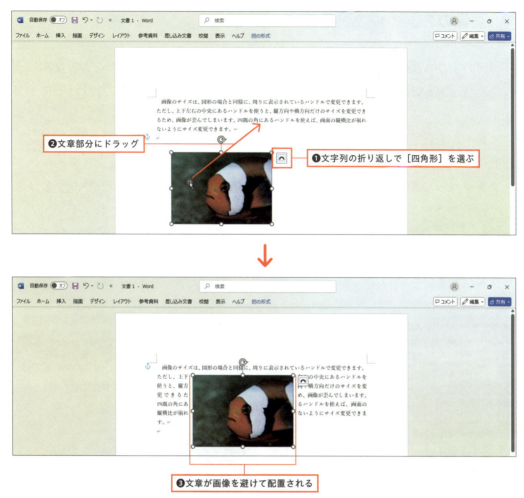

図 8-3-6　文字列の折り返しの設定

　［文字列の折り返し］をリスト右下の［前面］にした場合は、画像を自由に移動できるのは「四角形」と同様ですが、画像が文字に重なって配置されます。重なった部分の文章は、見えなくなってしまうわけです。文字のないあいている場所に画像を配置するような場合は、［前面］にしておくといいでしょう。

画像のスタイルの設定

　写真のような画像は、図形のように色を変えて塗りつぶすことはできません。そのかわり、図8-3-7のような「スタイル」の機能で、輪郭を加工したり飾ったりできます。

　スタイルを設定するためには、画像を選択してある状態で［図の形式］リボンを選択し、中央付近の［図のスタイル］グループで、右下の［クイックスタイル］ボタンをクリックしてください（次項図8-3-8参照）。すると図8-3-7のようなリストが表示され、ここから選択するだけで、画像にスタイルが設定されます。

　なお、スタイルの機能には、「解除」という項目がありません。設定したスタイルを解除して普通の写真に戻したい場合は、262ページのような方法で、画像をリセットしてください。

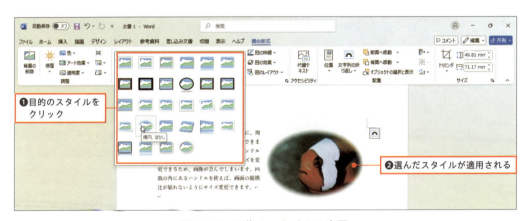

図 8-3-7　画像のスタイルの変更

画像のトリミング

　トリミングというのは、画像を切り抜く機能です。上下左右の不要部分をカットするのが基本ですが、「図形の形に切り抜く」というトリミング機能もあります。

　画像をトリミングするためには、画像を選択しておいて、［図の形式］リボンの右端にある［トリミング］をクリックします。すると短いリストが表示され、ここで［トリミング］や［図形に合わせてトリミング］を選択できます。

リストから［トリミング］を選んだ場合、図8-3-8のように、画像の上下左右や角の部分に太い線が表示されます。この太い線をドラッグして移動させると、移動した外側の部分が暗くなります。この暗くなった部分が、カットされることになります。トリミングの設定が終了したら、画像の外をクリックして完了です。

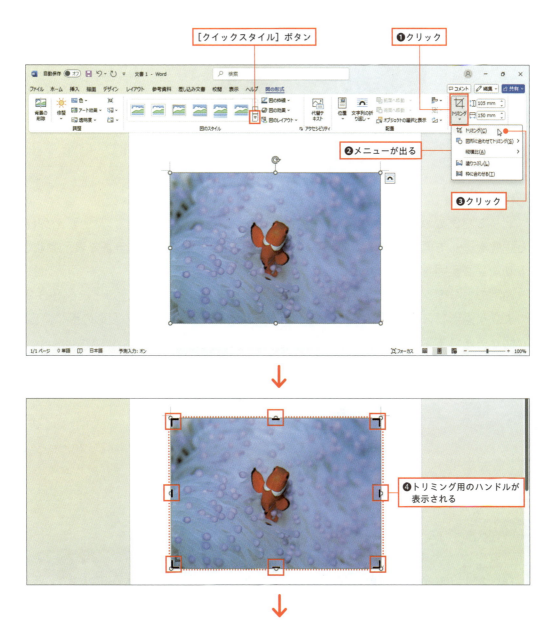

Chapter 08.

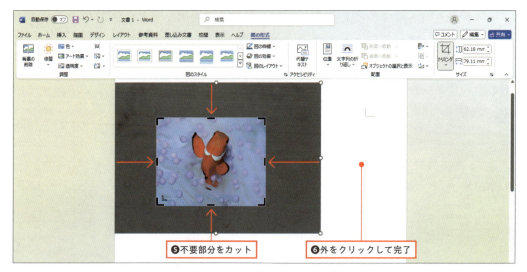

図 8-3-8　画像のトリミング

　トリミングでカットした部分の画像は、Wordが記憶しています。トリミングした画像を選んで再度トリミングを呼び出せば、暗くなったカット部分まで表示され、トリミング範囲を修正できます。

　通常のトリミングのかわりに［図形に合わせてトリミング］を選ぶと、図8-3-9のような図形リストが表示されます。ここから図形を選ぶと、その図形の形に画像が切り抜かれます。

POINT

メニューが表示されない？

トリミングのボタンは、上下に分かれています。上半分をクリックすると、メニューは表示されず、いきなり［トリミング］を選んだ状態になります。トリミングのボタン下半分をクリックするとメニューが表示されます。

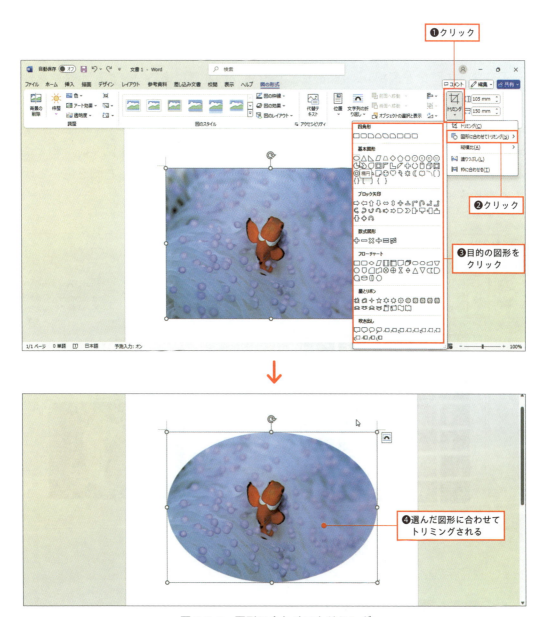

図 8-3-9　図形に合わせてトリミング

　先に通常のトリミングでカットしておいて、さらにそれを図形の形にトリミングする、といった使い方もできます。逆に、図形に合わせてトリミングした後で通常のトリミング機能を使うと、図形を変形したり範囲を変更することも可能です。

明るさやコントラストの調整

写真などの画像を選択し、［図の形式］リボンの左側にある［修整］ボタンを使うと、画像の明るさやコントラストを調整できます。

［明るさ／コントラスト］の部分には、5×5の範囲で画像が並んでいます。中央が［補正なし］の状態で、そこから上側を選ぶとコントラストが低く、下側を選ぶとコントラストが高くなります。また、左側を選ぶと暗くなり、右側を選ぶと明るくなります。

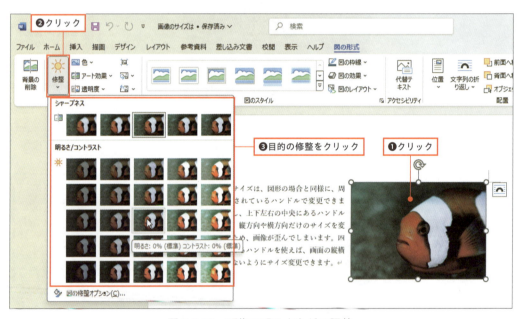

図 8-3-10　画像の明るさなどの調整

MEMO　**画像の「リセット」**

画像に設定したスタイルをリセットする機能は、［図の形式］リボンの左側にあります。［図のリセット］ボタンを使うとサイズ変更以外の要素を最初の状態に戻し、［図とサイズのリセット］ボタンを使うと、サイズも含めて読み込んだ直後の状態に戻します。

Wordの活用テクニックを身につける！

8-4 SmartArtグラフィックの操作

SmartArtの挿入

　SmartArt（スマートアート）というのは、箇条書きのリストやいろいろな手順の解説などを、文字と図を組み合わせて図解する、という機能です。単純に文字だけで箇条書きにするより、図解したほうが伝わりやすくなります。

　文書にSmartArtを挿入するには、[挿入] リボンの [図] グループにある [SmartArt] ボタンを使います。リボンからこれを選ぶと [SmartArtグラフィックの選択] というパネルが表示されるので、ここから使いたいものを選択し、[OK] で決定してください。文書のカーソル位置にSmartArtが挿入され、専用の [SmartArtのデザイン] というリボンが表示されます。

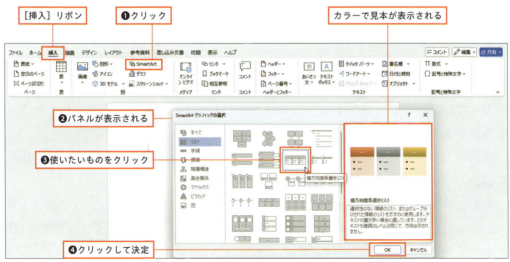

Chapter 08.

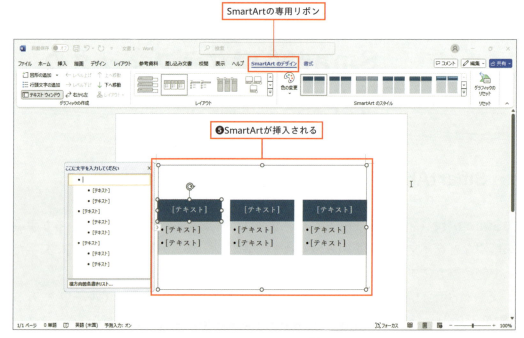

図 8-4-1　SmartArt の挿入

SmartArtへの文字の入力

　SmartArtは箇条書きを図解する機能なので、必ず文字を入力するようになります。その際、SmartArtの横に表示される[テキストウィンドウ]を使って入力することもできますし、図形の[テキスト]と書いてある部分をクリックし、直接入力することもできます。文字を入れることだけ考えると図形に直接書いたほうがわかりやすいですが、テキストウィンドウを使うと、項目の増減がしやすいというメリットがあります。

　図形の[テキスト]と書いてある欄と、テキストウィンドウの記入欄とは、相互に連動しています。どちらに入力しても、両方に表示されます。

　なお、文字の入力が終わったら、テキストウィンドウは閉じてしまって構いません。[SmartArtのデザイン]リボン左下の[テキストウィンドウ]をクリックすれば、いつでも再表示できます。

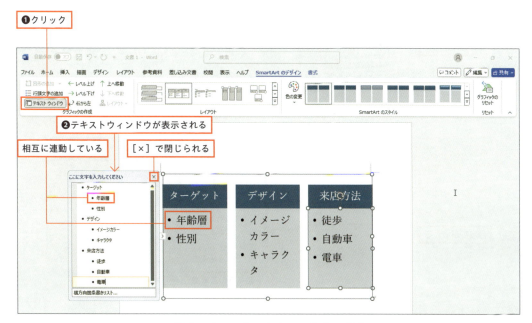

図 8-4-2　テキストウィンドウの表示

項目数の増減

　図の例を見ると、大きな項目として「ターゲット」「デザイン」「来店方法」という3つがあり、各々に数項目の記入欄があります。

　大きな項目に付属する小さな記入欄は、テキストウィンドウの入力欄で Enter キーを押すと、簡単に増やすことができます。また、テキストウィンドウの記入欄で Back space キーを使うと、項目を削除して減らすこともできます。

　大きな項目を増やしたい場合は、とりあえず Enter キーを押して記入欄を増やしておいてから、リボンにある［←レベル上げ］ボタンをクリックし、その記入欄が一番左端に寄った状態にしてください。SmartArtでは、テキストウィンドウで一番左端に寄っている項目が大きな項目、ひとつ右にずれている項目が付属する小さな項目になります。

Chapter 08.

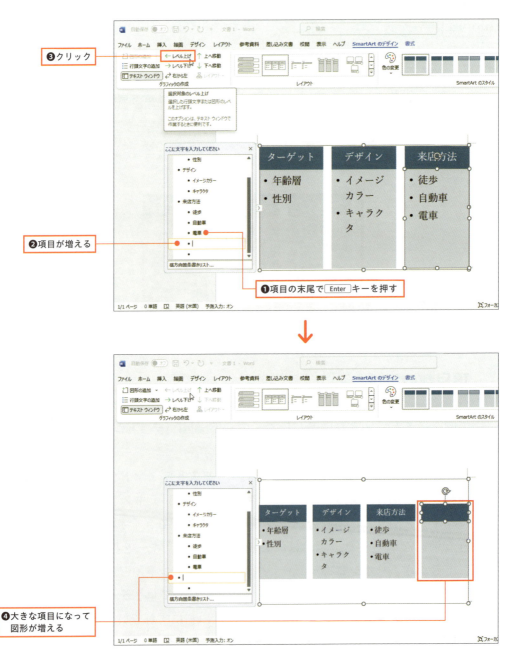

図 8-4-3　項目数を増やす

文字の書式設定

　記入した文字の**書体**や**フォントサイズ**などは、図形やテキストボックスに文字を書いた場合と同様に設定できます。文字の入っている図形をクリックして選択し、[ホーム] リボンから設定してください。フォントの色や太字設定なども同様です。
　図形の中にある文字を部分的にドラッグして選択すれば、そこだけ書体や文字サイズを変えることもできます。

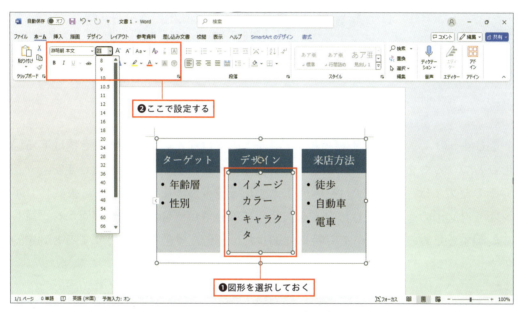

図 8-4-4　SmartArt 内の文字の書式設定

色やスタイルの設定

　SmartArtを選択した状態で、[SmartArtのデザイン] リボンから [色の変更] ボタンを使うと、SmartArtの色を変更できます。この場合、個別の図形を指定して色を変えるのではなく、全体の色使いを変えることになります。
　なお、[色の変更] の右側にある**スタイル**の欄を使うと、図形の効果なども含めたスタイルを設定できます。

Chapter 08.

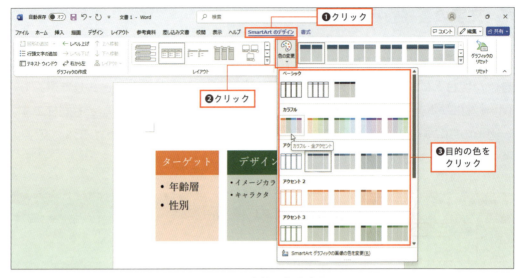

図 8-4-5　全体の色を変更

　図8-4-5のように全体的な色使いを変えるのではなく、SmartArtを構成する図形ひとつひとつを個別に選択して、色や模様などを設定することもできます。

　そのためには、SmartArtを構成する図形をクリックして選択し、［書式］リボンから［図形の塗りつぶし］などを設定してください。SmartArtは何かを図解して説明するためのものなので、特に強調したい部分だけ色を変えたりすると効果的です。

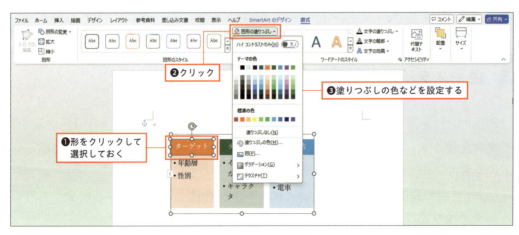

図 8-4-6　個別に色を変更

レイアウトの種類の変更

　一度描いたSmartArtは、書き込んだ文字などはそのままに、後から自由に種類を変えられます。

　そのためには、SmartArtを選択した状態で、[SmartArtのデザイン] リボンの [レイアウト] 欄のリストを出し、新しいSmartArtを選んでください。

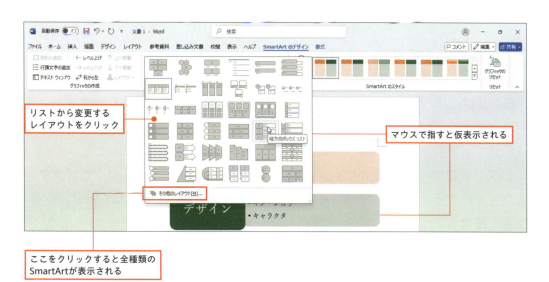

図 8-4-7　レイアウトの種類の変更

サイズの調整

　SmartArtは、周りに表示されている小さな丸（ハンドル）をドラッグすることで、サイズを変えることができます。ただし、SmartArtは複数の図形で構成されているため、SmartArt全体のサイズを変えたい場合は、一番外側の枠線にあるハンドルを使ってください。

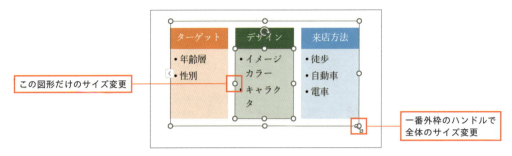

図 8-4-8　SmartArt のサイズ変更

「文字列の折り返し」と移動

　SmartArtは、描いた直後の状態では、自由に移動できません。移動させたい場合は、右上の［レイアウトオプション］ボタンをクリックし、［文字列の折り返し］を設定する必要があります。

　［文字列の折り返し］の設定は、画像の場合と同様です。［四角形］にすれば重なった文字をかき分けるように移動し、［前面］にすれば文章の上に重ねて表示します。文章と重なるような配置でなければ、［前面］にしておいたほうがいいでしょう。

　折り返しの設定を［四角形］や［前面］にしたら、一番外側の枠線をマウスで指して、ドラッグして移動します。SmartArtは複数の図形からできているので、必ず一番外側の枠線を指してドラッグしてください。

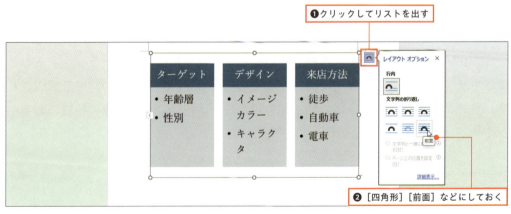

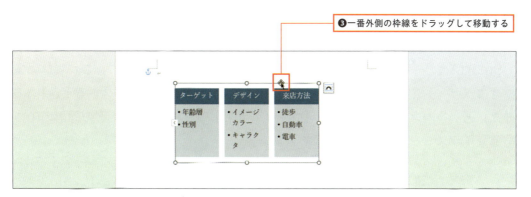

図 8-4-9　SmartArt の移動

SmartArtの設定のリセット

　SmartArtは、全体的な色やスタイル、フォントの設定や個々の図形の書式など、いろいろな形で加工できます。いったんすべての設定を解除して最初の状態に戻したい場合は、［SmartArtのデザイン］リボンの右端にある［グラフィックのリセット］ボタンを使ってください。

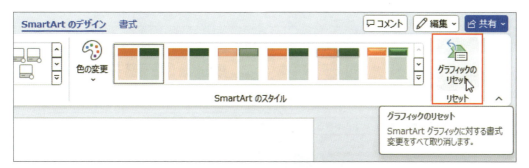

図 8-4-10　SmartArt の設定のリセット

Chapter 08.

画像付きのSmartArt

　SmartArtの一覧の中に、白い丸や四角の付いたものがあります。これらは**画像付きのデザイン**で、それぞれの欄にある小さなアイコンをクリックすると、[図の挿入] というパネルが表示され、[ファイルから] などを選んで、その図形の中に写真やイラストなどの画像を表示できます。

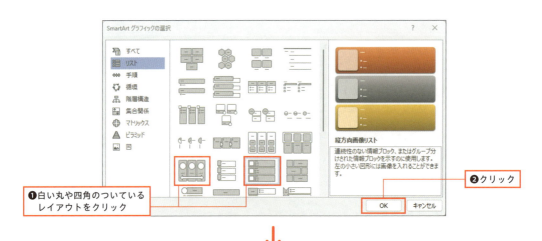

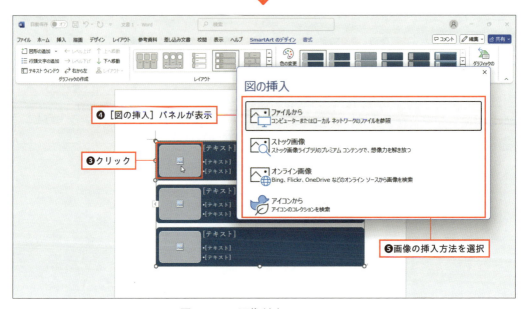

図 8-4-11　画像付きの SmartArt

5冊目

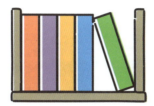

Excel 入門

Chapter 09.
Excelの基本操作を身につける！

Chapter 10.
Excelの活用テクニックを身につける！

Excelの基本操作を身につける！

9-1 Excelの概要

Excelは何をするソフト？

ここで解説するExcel（エクセル）というソフトは、一般に、「表計算（ひょうけいさん）ソフト」と呼ばれています。その名のとおり、「表（一覧表）を作ること」と「計算すること」が特徴のソフトです。

Excelと聞くと計算とか関数を連想する人が多いのですが、そうした計算機能が強力なのはもちろん、名簿のように計算と関係ない一覧表を作るのも得意です。Excelにはデータベース機能もあるので、何千人分もの名簿から条件に合うデータだけを取り出す、といった操作も一瞬です。

さらに、Excelにはグラフの機能もあり、使いこなせば幅広い応用ができます。作図や文字飾りの機能も整っているので、見栄えのいい表を作るのはもちろん、ワープロ的に使って簡単な文書を作ることもできます。

会員住所録

番号	氏名	市外局番	電話番号	郵便番号	住所1	住所2	備考
1	飯島弘文	045	802-0000	245-0015	横浜市泉区中田西3-27-45		
2	佐藤高志	03	123-5678	102-0085	東京都千代田区六番町1-2		
3	伊藤孝明	045	000-0000	221-0825	横浜市神奈川区反町25-4		
4	村上幸一	045	000-1111	245-0065	横浜市戸塚区東俣野町1138	山田ビル2F	
5	山本武	045	000-1111	245-0065	横浜市戸塚区東俣野町1138	山田ビル2F	
6	西山浩一郎	03	000-0000	103-0027	東京都中央区日本橋5-24	第三金田ビル211	
7	安藤康子	0554	00-0000	409-0311	山梨県北都留郡丹波山村保之瀬25		
8	山之内博	045	000-0000	245-0006	横浜市泉区西が丘331		
10	西村幸子	045	000-2222	223-0063	横浜市港北区高田町123-5	シーサイドハイツ271	
11	石田謙一	045	000-3333	231-0000	横浜市中区元屋敷231		
12	加藤善雄	0466	00-9981	251-0036	藤沢市江ノ島78-5		
13	木村茂雄	045	000-8888	240-0023	横浜市保土ケ谷区岩井町3510	メゾンドリーム301	
14	島村昭子	045	000-0001	240-0011	横浜市保土ケ谷区桜ケ丘253		
15	斎藤照雄	045	000-0101	220-0032	横浜市西区老松町905		
16	太田稔	045	000-1127	231-0023	横浜市中区山下町1-5-321		
17	村山和夫	045	000-0007	226-0027	横浜市緑区長津田842	緑団地3-5-501	
18	浜本幹男	045	000-1111	231-0861	横浜市中区元町5-456	商船社員寮	
19	吉岡順子	045	000-0009	231-0062	横浜市中区桜木町2-555		
20	北村悟	045	000-9999	245-0063	横浜市戸塚区原宿町367		
21	佐々木繁男	045	000-4444	220-0004	横浜市西区北幸2341		
22	渡辺啓子	045	000-9999	221-0835	横浜市神奈川区鶴屋町231	歯科大鶴見寮	
23	矢沢信吾	045	000-2222	235-0032	横浜市磯子区新杉田町3-478		

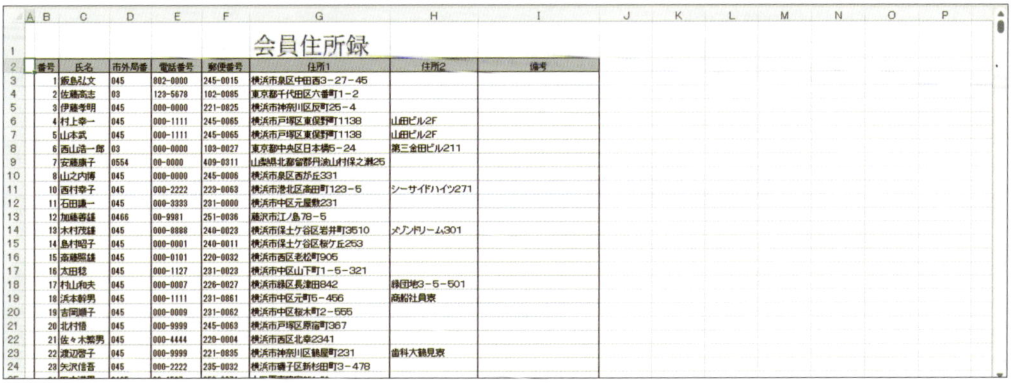

図 9-1-1　計算のない一覧表

図 9-1-2　経理などの実務で使う計算表

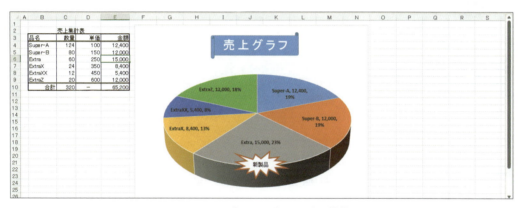

図 9-1-3　グラフや作図などの機能

 Excelの起動と終了

　タスクバーにExcelのアイコンがあれば、クリックして**起動**できます。デスクトップにあったらダブルクリックです。
　どちらにもアイコンがない場合は、タスクバーにある［スタート］のボタンをクリックして、スタートメニューを出してください。スタートメニューにExcelがあれば、クリックして開始できます。
　スタートメニューにもExcelのアイコンがない場合は、右上の［すべて］というボタンをクリックして画面を切り替えます。そのパソコンにインストールされてい

るすべてのソフトがABCやあいうえお順に並んでいるので、最初のほうにある「E」の分類にExcelのアイコンがあります。

図9-1-4　Excelの起動方法

　Excelを起動すると、図9-1-5のような開始画面になります。前回の続きで作業するような場合は、下側の一覧に保存したときのファイル名があると思うので、クリックするだけで開けます。新しい計算表を作りたい場合は、ここで[空白のブック]をクリックしてください。

　[空白のブック]で開始した場合は、図9-1-6のような画面になります。Wordのようなワープロだと白紙が表示されるのですが、Excelの基本は、白紙ではなくこのような表になっています。

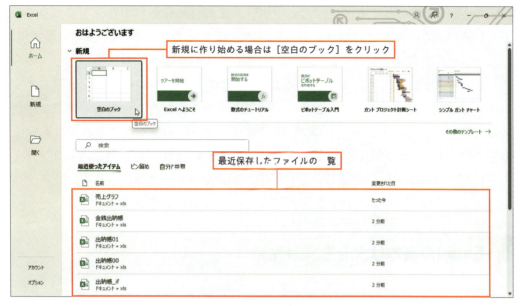

図 9-1-5　Excel の起動画面

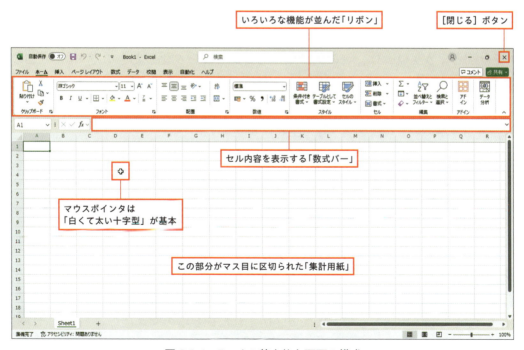

図 9-1-6　Excel の基本的な画面の構成

Chapter 09.　Excelの基本操作を身につける！　　277

Excelを使い終わって**終了**させるときは、右上の［閉じる］ボタンをクリックしてください。このあたりはウィンドウの基本操作で解説した通りで、隣に［最大化］などのボタンも並んでいます。

Excelを使った後で閉じようとすると、「このファイルの変更内容を保存しますか？」と質問されることがあります。特に残しておく必要がない場合、あるいは自分で保存してあるので必要ない場合は、［保存しない］ボタンをクリックすればそのまま終了します。［保存］ボタンをクリックする場合は、すぐ上にある「ファイル名」と「保存場所」を確認し、必要に応じて変更してください。

ファイルの保存については、336ページで詳しく解説しています。

Excelの基本は**大きな集計用紙**

事務用品のカタログなどで探してみると、「集計用紙」というものがあります。デザインはメーカーによって多少違いますが、単純に言うと、全体に罫線でマス目を印刷してあるだけの用紙です。すでに線を引いてあるので、マス目に見出しや数字を書き込めば、簡単に縦横が揃った一覧表や集計表を作ることができます。

Excelというソフトは、この集計用紙をコンピュータ化したものです。Excelの画面を見るとわかるように、Wordなら何も書いていない白紙に相当する部分が、マス目に区切られた用紙になっています。この「マス目に区切られた集計用紙」というイメージが、Excelを使う際の基本になります。

紙の集計用紙を使う場合は、用紙サイズの制約があるので、極端に大きな表は作れません。しかしExcelの電子集計用紙は、縦に100万行以上、横は1万6千列以上という、とてつもなく巨大なものです。1行に1件のデータを書いて一覧表を作っても、100万件以上のデータを扱うことができます。

なお、Excelの電子集計用紙、つまりマス目に区切られた部分のことを、「**ワークシート**」と呼びます。略して「**シート**」ということもあります。よく使う用語なので、覚えておいてください。

また、Excelの用語として、縦横に区切られたひとつのマス目のことを、「**セル**」と言います。セルが縦に並んでいるのが「**列**」で、横に並んでいるのが「**行**」です。これらは頻繁に使う用語なので、覚えておいてください。

シートは1枚とは限らない！？

　Excelの画面で左下を見てください。「Sheet1」と表示されています。そして、その右側に［新しいシート］というボタンがあります。

　Excelのワークシートというのは、1枚とは限りません。［新しいシート］ボタンをクリックするだけで、必要なだけ自分でシートを追加できます。たとえば12枚に増やして、毎月の集計表を12ページ、つまり1年分束ねた形にすることもできます。さらに、シート間で残高を繰り越したり、複数のシートを集計して年間合計表を作る、といった処理もできます。

　シートを増やした場合、各シートは、「Sheet1」「Sheet2」というように連続した名前になります。ただし、この名前は自由に変更できます（308ページ参照）。

　シートが複数ある場合、「Sheet1」「Sheet2」といったシート名の部分をクリックすれば、ワンタッチで切り替えられます。

　なお、増やしたシートが不要になったら、シート名を右クリックすれば、表示されたメニューから削除できます。

無駄なシートを増やしすぎないように！

MEMO　シートとブック

Excelの集計表を保存する際は、シートが何枚あっても、まとめてひとつのファイルとして保存されます。複数のページ（シート）を束ねてあるという意味で、ファイル全体のことを「ブック」と呼びます。「ブック＝ファイル」と考えてください。

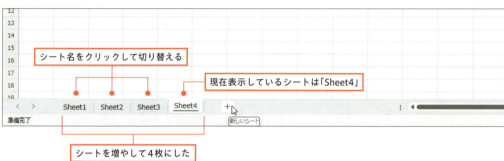

図 9-1-7　シートの扱い方

「セル位置」はアルファベットと行番号の組み合わせ

　ワークシートの上側を見ると、列ごとにA・B・C… と書いてあります。これは列の位置を示す番号（記号）です。同様に、左側には行の位置を示す1・2・3…という番号が書いてあります。また、上側のABCや左側の123の部分で、現在選択されているセルに対応する位置だけ、わかりやすいように色が変わっています。

　Excelでは、上側のアルファベットと左側の行番号を組み合わせて、たとえばC列の5行なら「C5セル」というように、セルの位置を表します。こうした書き方は、リボンにあるいろいろな機能を使ったり、計算式を組み立てる際にも使います。基本中の基本ですから、覚えておいてください。

　なお、C5とかA3といったセル位置のことを、「セルの番地」「セルのアドレス」「セルの座標」などとと呼ぶこともあります。セルの位置でもセルの番地でも同じ意味です。

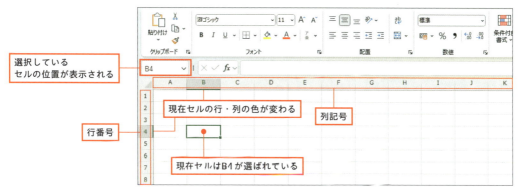

図 9-1-8　セルの位置

「リボン」の操作方法

Excelのさまざまな機能は、上側にあるリボンという部分で操作します。**リボン**には［ホーム］［挿入］といった見出しのタブがあり、これを使って切り替えるようになっています。通常使う機能は［ホーム］に並んでいますが、ほかの機能を使いたい場合は、タブをクリックしてリボンを切り替え、目的の機能を探すわけです。

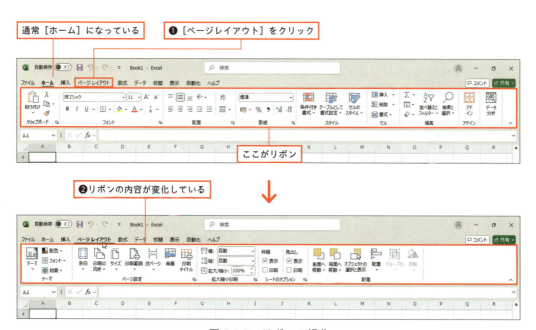

図 9-1-9　リボンの操作

Chapter 09　Excelの基本操作を身につける！　281

Chapter 09.

　リボンにある機能の多くは、クリックするだけで使えます。しかし機能によっては、リボンのボタンをクリックするとメニューや選択リストが表示され、そこから選んで使うものもあります。また、数値を入力して設定するようになっている欄もあります。

　リボンの基本操作として、リボンのボタンに［v］が付いていたらメニューや選択リストが表示されると覚えておいてください。また、ボタンによっては、図9-1-10のように、本体部分と［v］部分が分かれているものもあります。こうしたボタンでは、自分でどちらか選んでクリックし、使い分けてください。

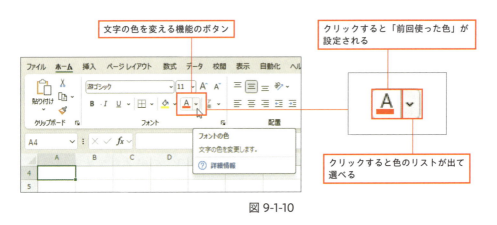

図 9-1-10

　なお、リボンには、通常表示されている［ホーム］［挿入］などのほか、図形を選択したときだけ表示される［図形の書式］や、グラフのために使う［グラフのデザイン］など、選択したものに応じて一時的に表示されるものもあります。こうした臨時のリボンは、必ず［ヘルプ］の右側に表示されます。

Excelの基本操作を身につける！

9-2 | 表を「作る／使う」の基本操作

操作の基本はセルの選択

　Excelの基本はマス目に区切った集計用紙なので、記入位置もマス目（セル）単位で選ぶようになります。

　現在選択されているセルのことを、「**アクティブセル**」と呼びます。Excelでは、キーボードから入力した文字や数値は、このアクティブセルに入力されます。白紙が基本のWordとは違い、1文字単位で移動して自由に記入することはできません。

　アクティブセルは、セルの周りがちょっと太い線になっています。↑↓←→キーを適当に押してみると、アクティブセルを示す太枠線が移動するのがわかります。こうしてセルを選択し、文字や数値を入力するわけです。

　なお、セルの選択は、マウスでもできます。選択したいセルをクリックするだけです。

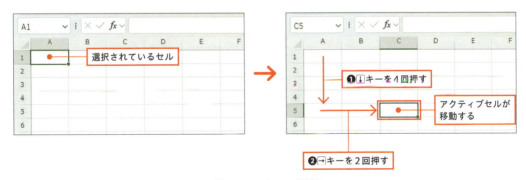

図 9-2-1　セルの選択

Chapter 09.　Excelの基本操作を身につける！　　283

Chapter 09.

文字や数値の入力

　キーボードから文字や数字を入力し、最後に Enter キーを押すと、現在選択されているセル（アクティブセル）に書き込まれます。書いたものを消したい場合は、Delete キーを押すと、選択されているセルの内容が削除されて空白になります。

　すでに何か書き込んであるセルを選択し、別の内容をキー入力して Enter キーを押すと、書いてあったものが消えて、あとから入れた内容に置き換わります。セルの内容を変更したい場合は、いちいち消してから入れなおさなくてもいいということです。

　Excelでは、図9-2-2のB3セルのように、数字をセルに入力すると、セル内で右揃えになります。数字以外の文字を入れた場合は、B2セルのように左揃えです。

　Excelは計算ソフトなので、セルに入力されている内容が計算に使えるデータかどうか、自動的に判定しています。B3セルのように数字が右揃えになるのは、計算に使えるデータと判定されたからです。

　このように計算に使えるデータのことを、特に「**数値**」と呼びます。

　図9-2-2のB4セルを見ると、入力された文字がセル内で左に寄っています。この場合、「123」は数字ですが、「cm」という数字以外の文字があるため、全体では数値ではなく「**文字列**」と判定されています。B3セルは足し算などの計算に使えますが、B2セルやB4セルを通常の計算に使うと、エラーになります。

　Excelでは、文字データのことを「文章」と呼ぶと、何となく意味がある文字の並びと思ってしまうので、意味の有無と関係なく文字が並んだものを「文字列」と呼んでいます。

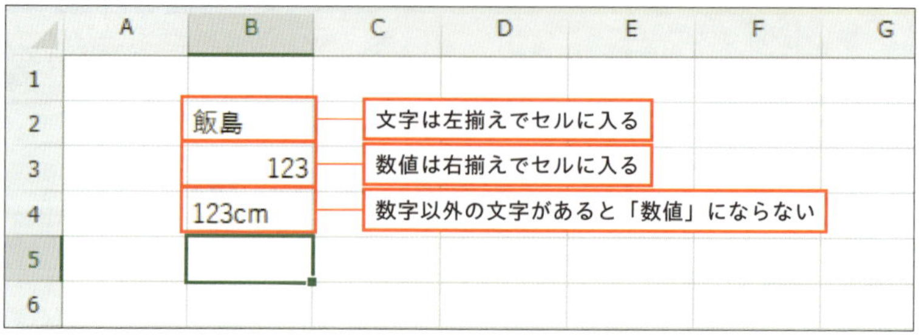

図9-2-2　文字列や数値の表示のされ方

セル幅より長い文字列

　セル幅より長い文字列を入力すると、隣のセルにあふれ出して表示されます。図9-2-3の例では3つのセルにまたがって表示していますが、データ自体はすべて入力したA1セルに入っています。

　このように長い文字列を入力した場合、隣のセルが使用中だと、あふれ出して表示することができません。当然ですが、隣からあふれてきたものを表示するより、そのセルの内容を表示するほうが優先だからです。この場合、図のように、セル幅の分しか画面に表示されません。ただし、入力したものが消えたわけではないので、隣のセルを削除して空白になったり、セルの幅を広げたりすれば、再び全体が表示されます。

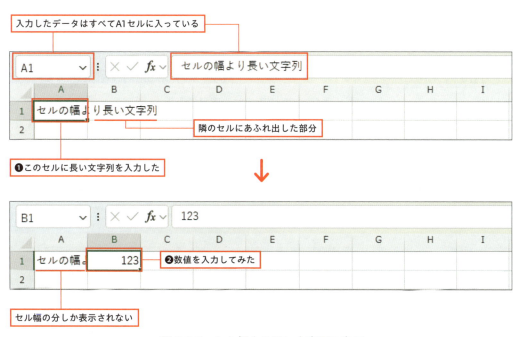

図 9-2-3　セル幅より長い文字列の表示

Chapter 09.

セルの内容の修正

何か入力されているセルを選択し、F2 キーを押すか、あるいはセルをダブルクリックすると、セル内容の右端に文字カーソルが表示されます。

この文字カーソルは ← → キーで左右に移動でき、セル内容を文字単位で編集できます。入力ミスがあった場合も、修正のために丸ごと入力しなおす必要はありません。図9-2-4の例は文字データですが、数値の場合も同様に編集できます。編集が終わったら、Enter キーで再びセルに書き込みます。

図 9-2-4　セル内でのセル内容の修正

もうひとつの方法として、修正したいセルを選択しておいて、上側の「**数式バー**」と呼ばれる部分をクリックすると、文字カーソルが表示されます。あとはセル内で編集するのと同様に、← → キーで文字カーソルを左右に移動するなどして、セル内容を編集できます。この場合も、編集が終わったら Enter キーです。

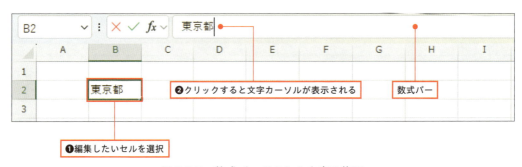

図 9-2-5　数式バーでのセル内容の修正

最低限覚えておきたいセル範囲の選択方法

すでに解説したように、セルに文字や数値を入力する場合は、クリックまたは↑↓←→キーなどでアクティブセルを移動します。このアクティブセルというのは、ひとつのセルです。

それに対して、たとえば表の見出しセルに色を付けたいような場合、複数のセルをまとめて選択して設定するようになります。こうした場合に必要なのが、セル範囲の選択です。リボンにある機能の多くは、先に対象になるセル範囲を選択しておいて、それからリボンのボタンをクリックするようになります。

セル範囲を選択する方法はいろいろあるのですが、まず基本として、「セル範囲の選択」（図9-2-6）、「行範囲の選択」（図9-2-7）、「列範囲の選択」（図9-2-8）、「複数範囲の選択」（図9-2-9）という4つの選択方法は、必ず覚えておきましょう。

セルの範囲を選択する基本は、図9-2-6のように、**セルの上をマウスでドラッグ**します。1画面に収まらないような広い範囲を選択したい場合は、まず選択したい範囲の先頭セルをクリックしておいて、次に範囲の末尾セルを Shift キーを押しながらクリックする、という方法も便利です。

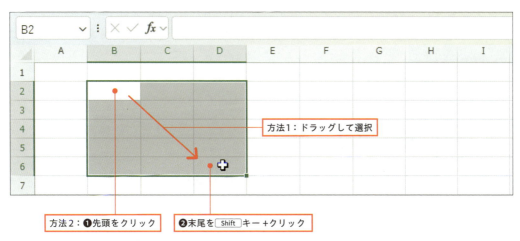

図 9-2-6　セル範囲の選択

行を選択したい場合は、図9-2-7のように、**左側の行番号の部分をクリック**します。このとき、マウスポインタが「右を向いた黒い矢印」の状態でクリックしてください。クリックではなく、下に向かってドラッグすれば、行範囲を選択できます。

この方法で行や行範囲を選択した場合、ワークシートの右端まで、行全体が選択されています。

図9-2-7　行範囲の選択

行と同様に列を選択したい場合は、図9-2-8のように、上側の**列記号の部分をクリック**します。このとき、マウスポインタが「下を向いた黒い矢印」の状態でクリックしてください。クリックではなく、横にドラッグすれば、列範囲を選択できます。

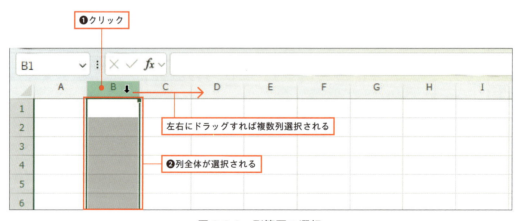

図9-2-8　列範囲の選択

ちょっと応用として、ひとつ目のセル範囲を普通に選択した後、2つ目以降のセル範囲を Ctrl キーを押したまま選択すると、図9-2-9のように、複数のセル範囲を選択できます。何カ所かまとめて同じ設定をしたいような場合、ひとつひとつやるよりも、複数選択しておいて一度に設定したほうが効率的です。

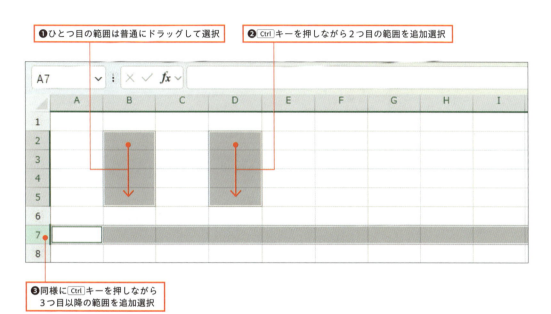

図 9-2-9　複数範囲の選択

行や列の挿入や削除

　表を作った後で行や列を挿入したり、削除したい場合、図9-2-10や図9-2-11のように、挿入や削除をしたい位置の行番号や列記号を、右クリックしてください。表示されたメニューから、「**挿入**」や「**削除**」ができます。また、複数の行や列を選択しておいて右クリックすれば、まとめて挿入や削除できます。

Chapter 09.

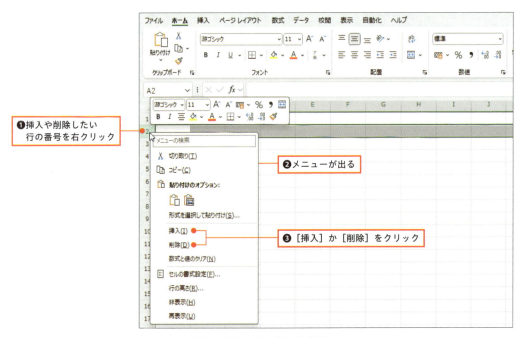

図 9-2-10　行の挿入や削除

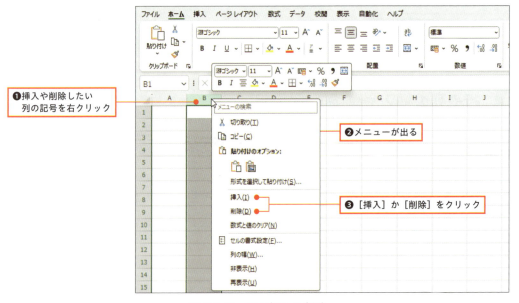

図 9-2-11　列の挿入や削除

行や列の幅や高さの調整

　セルの幅は自由に変えられます。ただし、幅の変更は列単位です。1セルごとに幅を変えることはできません。

　列幅の変更は簡単です。たとえばB列の幅を変えたい場合、シートの上側で、B列とC列の境目の線をマウスで指してみてください。マウスポインタの形が↔に変わります。その状態で左右にドラッグすれば、列幅が変化します。

　列幅を変えるときによく見ていると、「幅：14.75（123ピクセル）」というように、列幅を数値で表示してくれます。複数の列を同じ幅に変更したい場合は、この数字を参考にしてください。あるいは、「列幅を13に変更して…」というように、作り方の指示で幅の数字を使うこともあります。

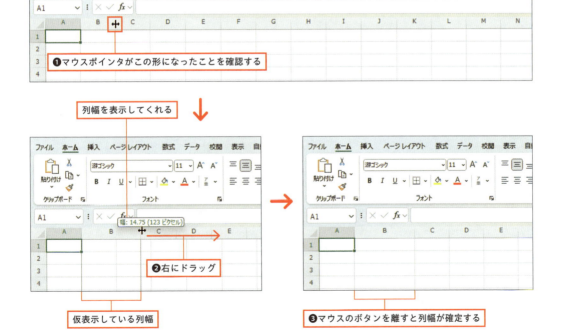

図 9-2-12　列幅の調整

Chapter 09.

　列幅を変えるもうひとつの方法として、マウスポインタが ⇔ になったところで、ドラッグせずにダブルクリックする方法があります。これは列幅の自動調整機能で、ダブルクリックした左側の列を見て、セルに入力されている内容に応じた幅に自動調整してくれます。

　行の高さを変えたい場合も、列幅と同様です。シートの左側で行番号の間の線をマウスで指すと、マウスポインタが ↕ という形になります。ここで上下にドラッグするか、あるいはダブルクリックして自動調整できます。

図 9-2-13　行高の調整

　なお、前項の図9-2-10や図9-2-11のように右クリックしてメニューを出し、[**行の高さ**] や [**列の幅**] を選ぶと、その行の高さや列の幅を数値で指定して変更できます。ピッタリ切りのいい幅にしたい場合、あるいは複数の行や列を同じ幅に揃えたいような場合は、数値で入力するのも効果的な方法です。

MEMO　幅を示す数字の意味

「幅:14.75」などと表示される数字は、「数字をいくつ並べられる幅か」という、おおまかな目安の数字です。行の高さを変えている場合の「高さ：18.75」といった表示は、文字のポイント数で表した高さです。

文字の体裁の調整

　文字の体裁を整える機能は、［ホーム］リボンの［フォント］グループで指定する書体や文字サイズと［配置］グループで指定する中央揃えなどの機能が基本です。

　セルを選択してリボンの文字サイズ欄を使うと、セル単位で**文字サイズ**を設定できます。文字のサイズは、［▼］をクリックして出したリストから選んでもいいですし、［▼］の左側に直接数字を入力してサイズ指定することもできます。

　文字の書体は、対象のセルを選択し、リボンの［フォント］欄から書体のリストを出して選びます。数値の場合は、書体リストを下のほうにスクロールすると、半角文字専用のフォントがたくさんあります。見やすいものを探してみるといいでしょう。

　なお、セルをダブルクリックなどで編集状態にし、セル内の文字の一部をドラッグして選択すれば、その部分だけ書体やサイズを変えることもできます。

　さらに、セルを選択してから［左揃え］、［中央揃え］、［右揃え］などのボタンをクリックすると、セル内で文字や数値をどこに揃えるか設定できます。通常は文字が左揃えで数値が右揃えですが、文字も右揃えにしたり、どちらも中央に揃えたりすることも可能です。

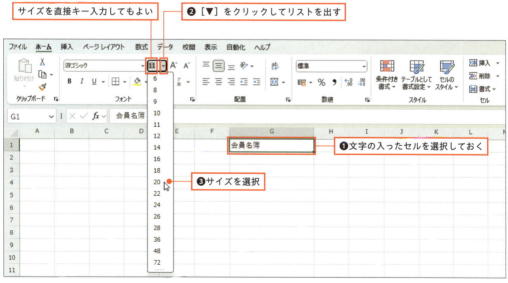

Chapter 09. Excelの基本操作を身につける！　　293

Chapter 09.

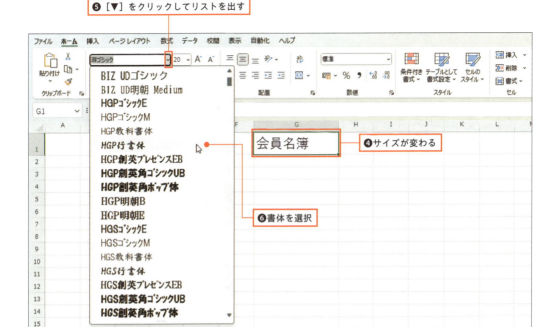

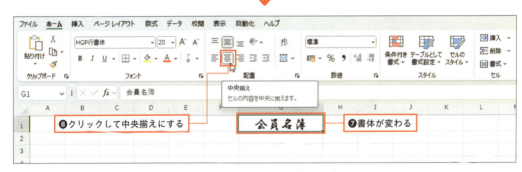

図 9-2-14　文字の体裁の調整

 数値の体裁の調整

　Excelでは、計算に使える数字データを入力すると、自動的にセル内で右揃えになります。こうしたデータを特に「数値」データといいますが、数値データには、「表示形式」といって、特別な表示用の書式を設定することができます。表示形式を設定するための機能は、［ホーム］リボンの［数値］グループにまとまっています。

表示形式で代表的なのは、3桁ごとに入れるカンマです。たとえばセルに「10000」と入力しておき、そのセルを選択してリボンの［桁区切りスタイル］ボタンをクリックすると、表示が「10,000」に変わります。自動的に3桁区切りのカンマが入った状態です。この場合、表示されている「,」は表示形式として設定しただけなので、セルの内容は入力した「10000」のままです。

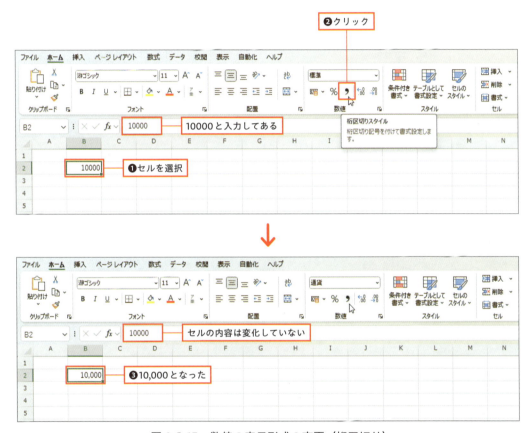

図 9-2-15　数値の表示形式の変更（桁区切り）

　同様に、小数部分の桁数を揃えるような表示形式ボタンもあります。図9-2-16の例では、小数部分の桁数が違う5つの数値データのセルを選択し、リボンの［小数点以下の表示桁数を減らす］ボタンを1回クリックしています。ワンタッチで小数部分の桁数がきれいに揃いますが、この場合も画面の表示を整えているだけであり、セルに入れたデータが変化してしまうわけではありません。

小数点以下の表示は、[小数点以下の表示桁数を減らす] ボタンと [小数点以下の表示桁数を増やす] ボタンによって、自由に表示桁数を変更できます。

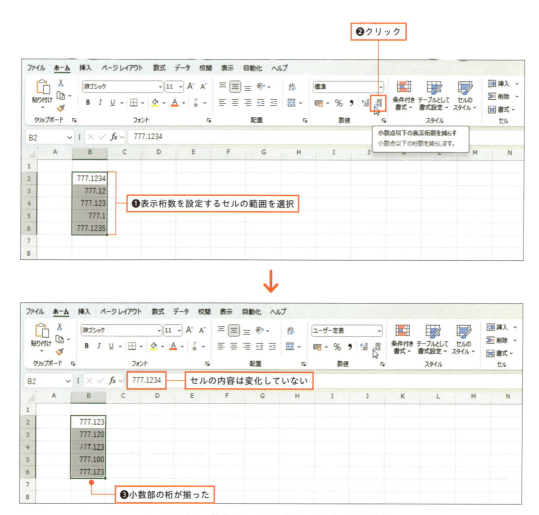

図 9-2-16　数値の表示形式の変更（表示桁数）

なお、リボンの [数値] グループ右下にあるという ⤢ 部分をクリックすると、図9-2-17の例のように、[セルの書式設定] という画面が表示されます。この画面の [表示形式] タブを使うと、リボンにはない、いろいろな表示形式を設定することができます。

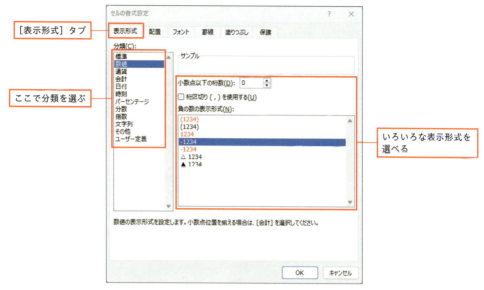

図 9-2-17　［セルの書式設定］の画面

 セルの背景や文字の塗りつぶし

　［ホーム］リボンの［フォント］グループにある［フォントの色］ボタンを使うと、選択しておいたセルやセル範囲の、文字の色を変更できます。同様に、［塗りつぶしの色］ボタンを使うと、選択しておいたセルやセル範囲の背景色を変更できます。どちらの場合も、各ボタンの右側にある［∨］の部分をクリックすると、リストを出して色を選べます。

　標準の色に戻したい場合は、フォントの色は［自動］、塗りつぶしの色は［塗りつぶしなし］に再設定してください。

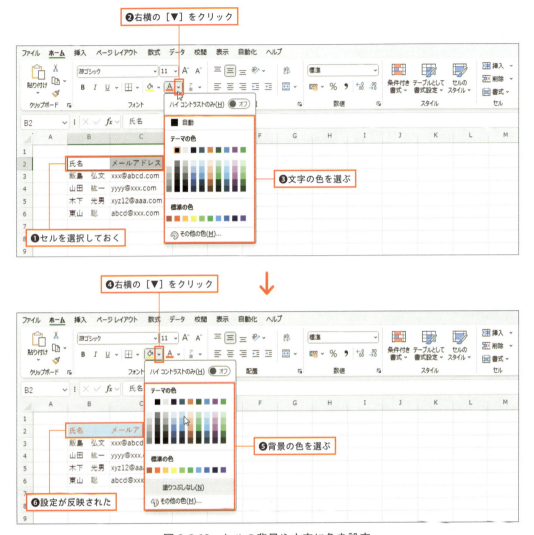

図 9-2-18　セルの背景や文字に色を設定

罫線で表の体裁の調整

　シート全体をマス目に区切っている灰色の線は、印刷されません。したがって、自分で罫線を引いて形を整えないと、印刷したときに線のない表になってしまいます。

Excelの罫線は、セルとセルの境目に引くようになります。［ホーム］リボンの［フォント］グループにある［罫線］ボタンで、右側の［v］の部分をクリックしてリストを出すと、［下罫線］［左罫線］［外枠］など、選択しておいたセルやセル範囲のどこに線を引くか選択できます。

　たとえば表全体に罫線を引きたければ、表の範囲を選択しておいて、罫線のリストから［格子］を選んでください。すると、選択しておいたセルすべてに、外枠や間を区切る罫線が引かれます。この［格子］という線の引き方を使うと、最も手軽に表の形を整えられます。

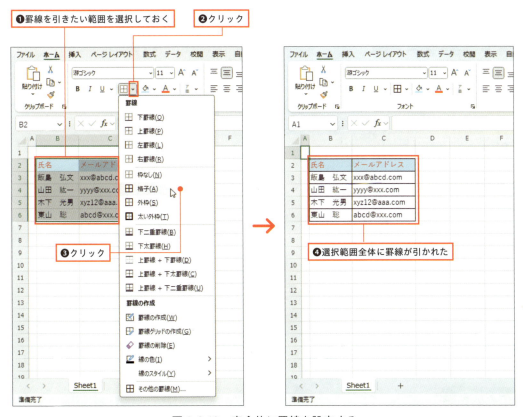

図 9-2-19　表全体に罫線を設定する

Chapter 09.　Excelの基本操作を身につける！　　299

Chapter 09.

　格子で全体に線を引いたうえで、さらに上側の見出し部分のセルを横に2セル選択し、罫線リストから［下二重線］を選ぶと、図9-2-20のように、そこだけ違う種類の線にできます。こうした作業を繰り返し、罫線を使い分けて表の体裁を整えていきます。

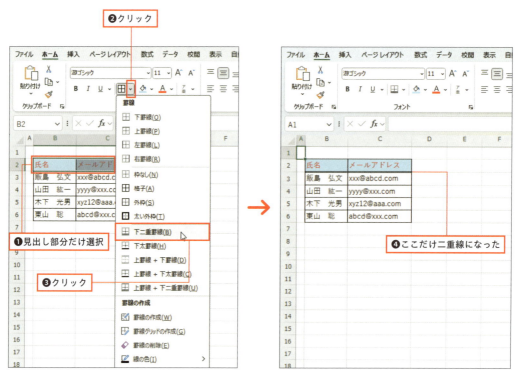

図 9-2-20　部分的に罫線を設定する

> **POINT**
>
>
>
> **線のないシート**
>
> シート全体をマス目に区切っている灰色の線は、［表示］リボンの［目盛線］という欄のチェックを消すと、表示されなくなります。この状態はブックごとに保存されるので、表が完成したら目盛線を消して保存しておく、という使い方もできます。

「オートフィル」で作る連続データ

　Excelには、「オートフィル」といって、連続したデータを自動生成する機能があります。

　たとえば図9-2-21のようにセルに「木曜日」と入力し、そのセルをクリックして選択して、セルの右下角にある「フィルハンドル」という部分をマウスでドラッグします。すると自動的に木曜日・金曜日・土曜日…という曜日データが作られて、ドラッグしたセル範囲に入力されます。曜日の場合は、日曜日まで行くと、自動的に月曜日に戻って繰り返します。

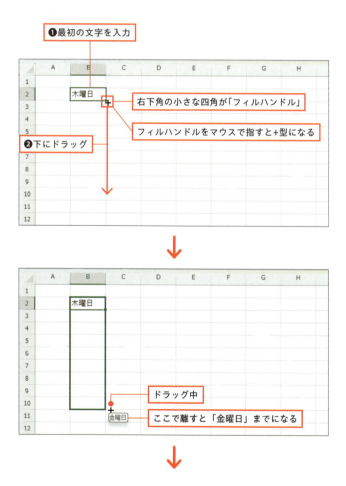

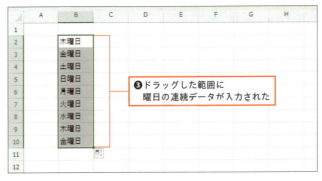

図 9-2-21　オートフィルで連続データを入力する

　同様にして、「1月」と入力してオートフィルを使うと、自動的に2月・3月…というように入力してくれます。この場合も、12月まで行くと、自動的に1月に戻って繰り返します。

　ほかにも、「第1四半期」でオートフィルすれば第2四半期・第3四半期…とか、英語で「Sunday」と入れてオートフィルすればMonday・Tuesday…など、いろいろな連続データを作れます。日付を入れてオートフィルすれば、自動的に1日刻みで日付が増えていきます。

オートフィルでコピー

ここで解説しているオートフィルの機能は、連続データの生成だけでなく、計算式のコピーにも使います。Excelは計算用のソフトですから、計算式のコピーは必須の技術です。詳しくは320ページで解説しているので、コピーとしての使い方もしっかり身につけてください。

一連の番号を入力

　Excelで表を作った場合、左側に一連番号の列を作っておくのが一般的です。こうした番号は、ひとつひとつ手で入力するのは面倒なので、前項で紹介したオートフィルの機能を使い、一連番号を自動生成します。

　一連番号の作り方はいくつかありますが、図9-2-22でやっているように、「先頭2つを入れておいてオートフィルで生成する」という方法が便利です。

　たとえば1・2・3…という番号なら、先頭の1と2だけセルに並べて入れておいて、その2セルを選択してオートフィルします。オートフィルの元にするのは、1セルだけでなくてもいいのです。

　1と2ではなく、100と110で始めれば100・110・120・130…になるし、1001・1002で始めれば1001・1002・1003…になります。先頭2つの数値さえ指定すれば、いろいろな一連番号を作ることができるのです。

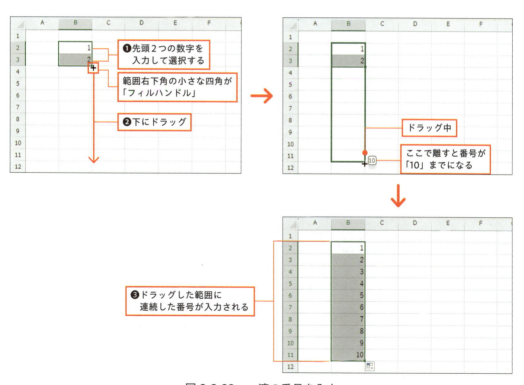

図9-2-22　一連の番号を入力

Chapter 09.

大きな表を扱うために覚えておきたい機能

　Excelでは、数千行もあるような大きな表を扱うことも、それほど珍しくありません。そうした大きな表を扱うためには、比較的小さな表を扱う場合と異なるテクニックが必要になります。

　たとえば図9-2-23では、オートフィルで番号を入力しようとしています。この場合、通常は必要なだけ下にドラッグするのですが、表が1000行もあったとしたら、ドラッグするだけでかなりの手間がかかります。

　そうした場合、フィルハンドルを指してマウスポインタが＋になった状態で、ドラッグの代わりにダブルクリックしてください。この例のように表のデータが入力済で、Excelが表のサイズを自動認識できる状態なら、表の一番下までオートフィルしてくれます。大きな表に番号を入力するような場合、欠かせないテクニックです。

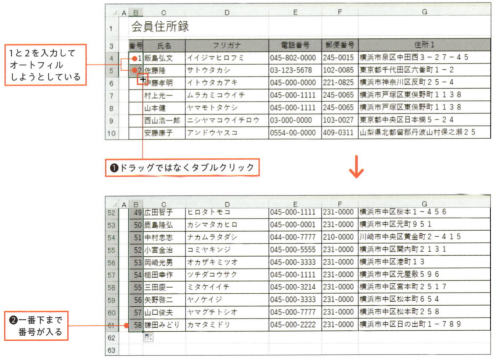

図 9-2-23　ダブルクリックでオートフィル機能

似たようなケースですが、大きな表を扱っている場合、表の一番上から一番下に移動するだけでも、スクロールに手間がかかります。こうした場合は、

[Ctrl]キーを押したまま[↓]キーを押す

という操作で、表の一番下までジャンプできます。同様に、[Ctrl]キーを押したまま[↑][↓][←][→]を使えば、表の上下左右の端までジャンプできます。大きな表を扱う場合、手際よく移動できるかどうかで、作業効率が大きく変わります。
　さらに応用として、[Shift]キーも加えて

[Shift]キーと[Ctrl]キーを押したまま[↑][↓][←][→]キー

というように操作すれば、表の端まで一気に選択できます。大きな表の中を1列選択したいような場合、とても便利な機能です。

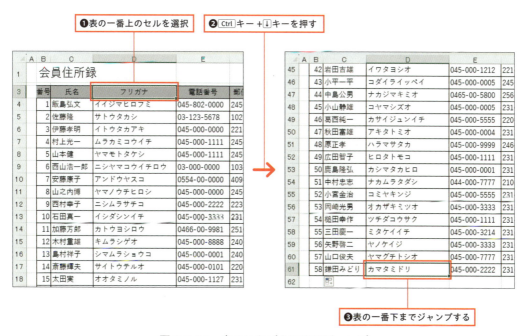

図 9-2-24　表のいちばん下までジャンプ

Excelの基本操作を身につける！

9-3 シートの操作

シートの追加

　Excelで新しいブックを開くと、図9-3-1のように、「Sheet1」という名前のワークシートが1枚だけあります。

　ワークシートの右側にある［新しいシート］というボタンをクリックすると、図のように、新しく「Sheet2」が作られます。もう一度クリックすれば「Sheet3」というように、ワークシートの枚数をどんどん増やすことができます。

　複数のシートがある場合、選択されているシート、つまり現在画面に見えているワークシートは、「シート名が白で緑の下線」という状態で表示されます。選択されていないシートは、シート名が灰色です。

　こうして新しく作られるシートは、必ずシート名が並んだ右端になるとは限りません。新規シートは、「現在選択されているシートの右隣」に作られます。たとえば「Sheet2」がある状態で「Sheet1」をクリックしておいてから［新しいシート］ボタンを使うと、「Sheet1」と「Sheet2」の間に「Sheet3」が作られます。

MEMO　Excel の仕様と制限
最大で何枚のワークシートを作れるかは、使用している Excel のバージョンによって異なります。ちょっと古い Excel だと 255 枚とか 1,000 枚が上限ですが、最新版では「使用可能メモリに依存」、つまりパソコンの性能次第となっており、数的な制限はありません。こうした Excel の仕様に関する情報は、Excel のヘルプで「Excel の仕様と制限」を調べればわかります。

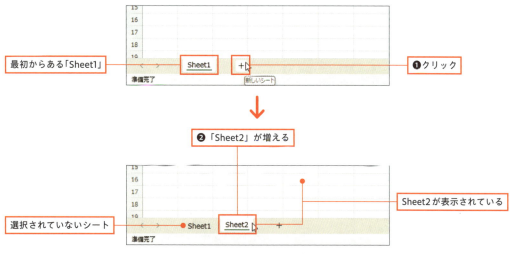

図 9-3-1　シートの追加

　なお、一度作ったシートを削除した場合、同じブック内に新しくシートを作ると、削除した番号は飛ばして次からになります。

シートの削除

　ワークシートを削除したい場合は、削除したいワークシートのシート名の部分を右クリックし、表示されたメニューから［削除］を選んでください。

　この場合、作ったばかりで未使用のワークシートであれば、確認なしですぐに削除されます。しかし1度でも使用したワークシートであれば、削除しようとしたときに、図9-3-2にあるような警告メッセージが表示されます。

　ワークシートを削除すれば、当然ですが、そのシートに入力されていた情報はすべて消えてしまいます。たとえ何千行もあるような大きな表が作ってあったとしても、保存してなければすべて消えてしまうわけです。削除したワークシートを元に戻す方法はありません。そのため、使用済ワークシートを削除する際には、こうした警告が出るようになっています。

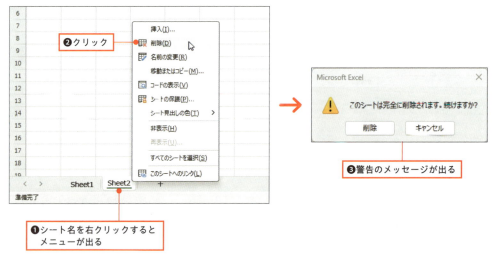

図 9-3-2　シートの削除

シート名の変更

　Excelのワークシート名は、「Sheet1」「Sheet2」といった一連の番号になっています。このシート名自体には、特別な意味はありません。自由に変更できます。複数のシートを使っているような場合、各シートの内容がわかりやすいシート名に変更しておくといいでしょう。

　シート名を変更するためには、図9-3-3のように、まずシート名の部分をダブルクリックします。するとシート名が編集状態になるので、新しいシート名を入力してください。シート名の入力が終わったら、最後にワークシートのセルを適当にクリックして完了です。

　なお、シート名をダブルクリックするかわりに、右クリックして出したメニューから［名前の変更］を選んでも、編集状態にできます。

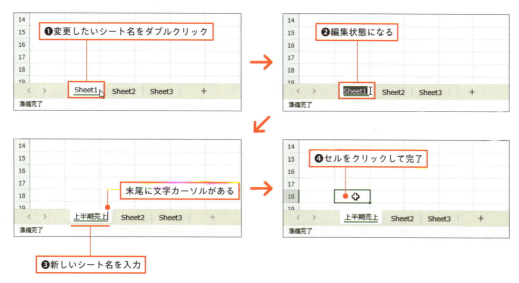

図 9-3-3 シート名の変更

シート名には、「空白にはできない」「最大31文字まで」「一部の記号は使えない」「ブック内で同じ名前は使えない」といった制限があります。こうした制限に違反すると、警告のメッセージが出ます。

シート見出しの色の変更

通常の場合、選択されているワークシートのシート見出しは白で、選択されていないワークシートのシート見出しは灰色になっています。このシート見出しの部分の色は、自由に変更できます。たとえば「1月」から「12月」までの月別シートを作って、13枚目の「年間合計」シートだけシート見出しを赤くしておく、といった使い方が便利です。

シート見出しの色を変更するためには、図9-3-4のように、まずシート名を右クリックしてメニューを出します。そこにある［シート見出しの色］をマウスで指すと色の一覧が表示されるので、設定したい色を選んでクリックしてください。色の設定を解除したい場合は、色の一覧下側にある［色なし］を選択します。

なお、図9-3-4を見ると、シート見出しの色を変えた時点では、色が少し薄くて白っぽい感じになっています。これは「選択されているシート名は白」という機能が働いているためで、図9-3-4でやっているように他のシートを選択してみると、指定した色になっているのがわかります。

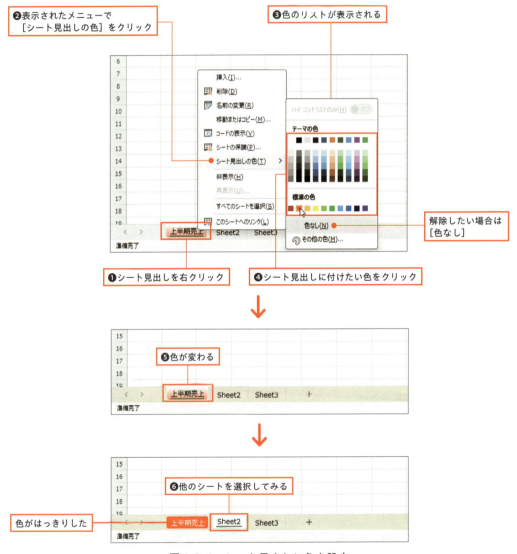

図 9-3-4　シート見出しに色を設定

シートの並び順の変更

シート名は「Sheet1」「Sheet2」…というに番号順になっていますが、画面上での並び順は、自由に変更できます。操作は簡単で、位置を変えたいシート名をマウスで指して、そのまま左右にドラッグしてください。

シート名を指してドラッグを開始すると、マウスポインタが という形になります。同時に、シート名が並んでいる部分に、小さな▼マークが表示されます。そのままマウスを左右にドラッグしてみると、ドラッグに合わせて▼が移動します。この▼が移動先を示すマークで、ドラッグを終わるとこの位置にシート名が移動してきます。

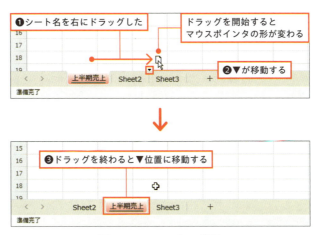

図 9-3-5　シートの移動

シートの複製

前項でシートの並び順を変更しましたが、Ctrlキーを押した状態で同様の操作をすると、移動ではなくコピーになります。この場合、セルの内容やさまざまな設定も含めてワークシートが丸ごと複製されるので、元のシートと全く同じシートがもう一枚できることになります。

Chapter 09.

　1月から12月まで同じ形の表を1年分作りたいような場合、1月の表をワークシートに作ったら、それをワークシートごとコピーして増やせばいいわけです。

　なお、ひとつのブック内で同じシート名は使えないので、コピーしたシートは、「上半期売上(2)」というように、末尾に番号が付いた形になります。そのままではわかりにくいので、内容に応じたシート名に変更しておきましょう。

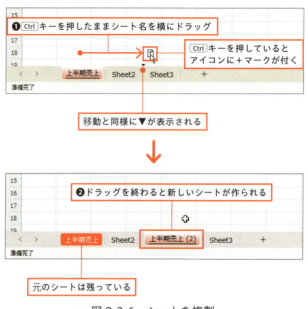

図 9-3-6　シートを複製

複数シートの選択

　シートが複数ある場合、その中のいくつかのシートを選択したい、という場合があります。たとえば複数のシートを選択して「作業中のシートを印刷」という機能を使うと、選択したワークシートをまとめて印刷できます。

　複数のシートを選択する方法は、2種類あります。ひとつは、図9-3-7のような、「ここからここまで」という選択方法です。選択したいシートの並びで、まず選択したいシート範囲の先頭（左端）のシートをクリックした後、選択したい範囲の右端のシートを Shift キーを押したままクリックしてください。

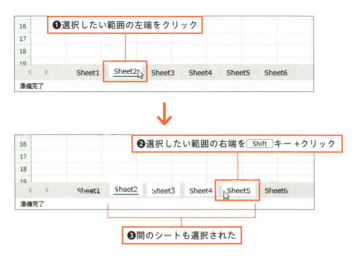

図 9-3-7　連続する複数のシートを選択

　もうひとつの方法として、図9-3-8のように、「**これと、これと、これ**」というように、ひとつひとつ選ぶ方法もあります。この場合、まずひとつの目のシートは普通にシート名をクリックして選択し、2つ目以降のシートは、Ctrlキーを押した状態でクリックします。Ctrlキーを押していると、「追加選択」の状態になります。

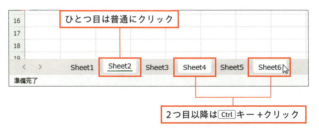

図 9-3-8　Ctrl キーでシートを選択

　なお、複数選択の状態を解除する場合、灰色のシート名があれば、それをクリックしてください。すべてのシートが選択されている場合は、現在選択されている以外のシート名をクリックします。現在選択されているシートは、シート名に緑の下線が付いているのですぐにわかります。
　もうひとつの方法として、複数選択状態になっているシート名のいずれかを右クリックし、表示されたメニューから［シートのグループ解除］を選択してください。

Chapter 09.

Excelの基本操作を身につける！

9-4 計算式の基礎知識

セルの値を利用した計算式の作成

　Excelは計算用のソフトですから、活用のためには、計算をするための方法を覚える必要があります。
　「計算」というと苦手な人がいるかもしれませんが、基本は簡単です。たとえば図9-4-1の例では、計算に使う「数値」をB2セルとC2セルに入力し、その2つのセルの値を足し算するために、

　　＝B2+C2

という計算式をD2セルに入力しています。
　当然ですが、セルに計算式を入力した場合、計算式をそのまま画面に表示しては意味がありません。したがって、セルには計算結果を表示します。このように、

　　データを入れたセルを指定して計算式を組み立てる
　　結果を表示したいセルに計算式を入れる

というのが、Excelで計算をする基本です。
　セルに計算式が入っている場合、ワークシートのセルには計算結果が表示されますが、上側の数式バーに計算式が表示されています。
　なお、セルに計算式を入力する際には、

先頭に＝を付ける

すべて半角文字

という2点に注意してください。これが最も基本になるルールです。

　図9-4-1の例を見ると、計算式の入力が終わった時点で、とりあえず計算結果として「0」が表示されています。これは、計算に使っているB2セルもC2セルも空白だからです。Excelでは、空白セルはゼロ扱いで計算に使われます。

　計算式を入れてある状態で、B2セルとC2セルに数値を入力すると、自動的に計算結果が表示されます。Excelには自動再計算という機能があり、計算に使っているセルの値が変化すると、自動的に再計算して結果も変化するようになっています。試しにB2かC2の数値を変えてみると、図9-4-1の最後でやっているように、数値を入れなおした瞬間に計算結果が変化します。

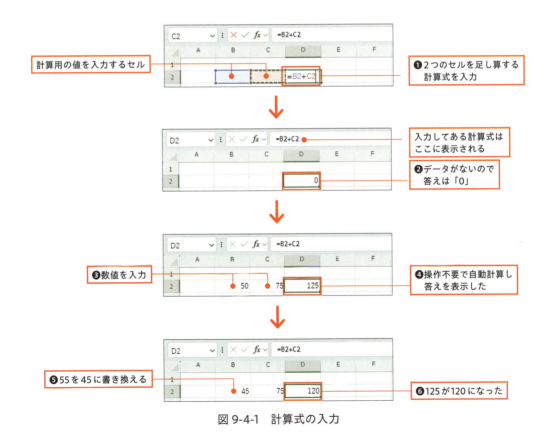

図 9-4-1　計算式の入力

計算式のわかりやすい入力方法

前項で使った「＝B2+C2」といった計算式は、

= B 2 + C 2 Enter

というように、そのまま全部キーボードから入力することができます。その場合、セルの位置を示すアルファベットは、「b2」というように小文字で入力しても構いません。自動的に「B2」といった大文字表記に変換されます。

もうひとつの方法として、使用する**セルをクリック**しながら計算式を組み立てていく、という入力方法もあります。入力ミスを防ぐ意味でも効果的な方法なので、慣れておくといいでしょう。

具体的な手順は、図9-4-2の通りです。まず先頭の「＝」を入力してから、「＝B2+C2」という計算式の「B2」と「C2」を指定す部分だけ、セルをクリックしています。＝や＋－などの計算記号は、キーボードから入力するしかありません。

計算式を入力する場合も、数値や文字を入力する場合と同様、最後は Enter キーでセルに書き込みます。計算式を修正したい場合も、数値や文字と同様に、セルのダブルクリックなどで編集状態にできます。

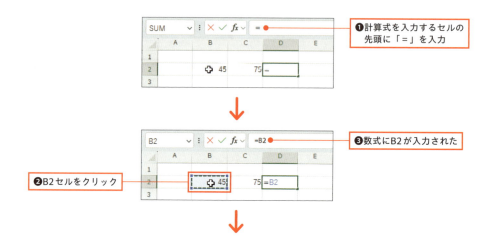

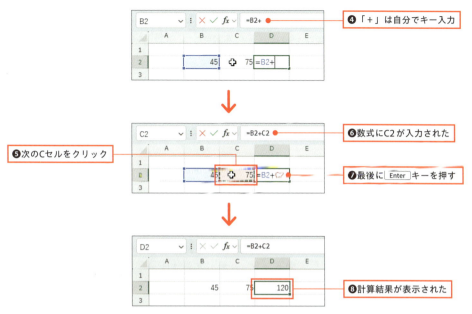

図 9-4-2　クリックで計算式を入力

計算に使う記号と計算の優先順位

　Excelで計算に使う記号は、次の5種類です。すべてキーボードにある記号で、必ず半角文字で入力します。

記号	意味
＋	足し算の記号
－	引き算の記号
＊	掛け算の記号、×ではなくこの記号を使う
／	割り算の記号、÷ではなくこの記号を使う
＾	3^2 というような「べき乗」の計算記号

　基本になる足し算／引き算／掛け算／割り算の4つは、掛け算と割り算で使う記号が異なるほかは、通常の計算と変わりません。ちょっと聞きなれない「べき乗」というのは、「××の〇〇乗」というような計算に使うもので、キーボードの右上でひらがなの「へ」と一緒になっている記号です。

Chapter 09.

　Excelに限らず、数学のルールとして、こうした計算には**優先順位**が決まっています。ここで紹介した計算記号では、べき乗の「＾」が最優先で、次が「＊と／」、一番優先順位が低いのは「＋と－」です。「＊と／」および「＋と－」は各々同じ優先順位で、その場合は、計算式の左から右に向かって計算していきます。

　実際の計算例は、図9-4-3を見てください。左から右に計算するのではなく、＋よりも優先度が高い×を先に計算し、次の段階として、「3×2」の結果である6を5と足し算しています。

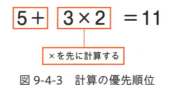

図9-4-3　計算の優先順位

計算記号は前述の5種類ですが、計算に使う記号として、もうひとつ

記号	意味
（　）	計算の優先順位を変える

という記号があります。計算式はカッコで囲ってある部分が最優先なので、図9-4-4では、最初に「5＋3」を計算しています。

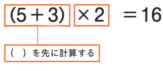

図9-4-4　（　）を使った式

文字で書かれた「計算式」をExcelの式にするコツ

たとえば次のような公式があったとします。

$$健康体重 = 22 \times 身長^2 \div 10000$$

これは、身長をもとにして、最も成人病にかかりにくい体重（健康体重）を計算するものです。

この式が与えられて、「Excelで計算できるようにしろ」といわれた場合、このままではセルに入力できません。Excelで使える計算式にする必要があります。

そのためには、次のような手順で計算式を書き換えていきます。どのような計算式でも、計算式の意味などまったく分からなくても、同様な手順でExcelの計算式にすることができます。Excelでいろいろな計算をするためには、不可欠ともいえるテクニックです。

まず、図9-4-5のように、「文字で書かれた数式」から文字部分を抜き出して、セルに入力します。この例では、「健康体重」と「身長」の2つです。入力するセル位置は、とりあえずどのセルでも構いません。慣れてきたら、完成状態を想像して、使いやすく配置してください。

図9-4-5　文字項目を入力

この段階で、前述の計算式から「健康体重」と「身長」という文字部分をセルに置き換えることができます。

$$C2 = 22 \times C4^2 \div 10000$$

あとは、この式を元にして、計算記号などをExcel用に置き換えていきます。これは機械的にできる作業です。

C2=22*C4^2/10000

という、Excel用の計算式になりました。これを使って、＝から右を、C2のセルに入力すれば完成です。

完成した時点では、「身長」が空欄なので、計算結果が「0」になっています。身長欄に身長をcm単位で入力すれば、健康体重が表示されます。

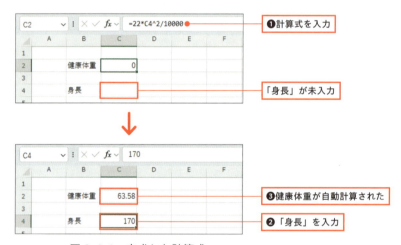

図 9-4-6　完成した計算式

計算式はオートフィルでコピー

Excelは「表」計算ソフトですから、表に計算式を組み込んだ形が基本になります。ひとつの表には、少なくとも数十行から数百行、大きな表だと数千行から1万行を超えるような表もあります。いずれにしても、表に計算式を設定する場合、計算式をひとつひとつ入力することなどやっていられません。Excelでは、計算式をひとつ入力して表の一番下までコピーする、というのが基本的な作り方です。

計算式をコピーする場合、普通にコピーと貼り付けの操作でもできます。しかしExcelでは、オートフィルの機能でコピーするのが一般的です。

オートフィルについては301ページでも紹介していますが、その際に紹介した「連続データを作る」という機能のほかに、単純なコピーにも使えます。下とか横方向にドラッグするだけでコピーできるので、コピーしてから貼り付けというように2段階で操作するより簡単です。
　ここでは例として小さな表にしてありますが、何千行もあるような表でも操作は同様です。
　この表では、単価と数量の欄に数値を入力すると、「金額＝単価×数量」で自動的に金額を計算します。そのための計算式を表の1行目に入力したら、オートフィルで表の一番下までドラッグしてください。表が大きい場合は、ドラッグするのではなく、フィルハンドルをダブルクリックするといいでしょう。自動的に、表の一番下までコピーします。
　なお、図9-4-7では、C3〜E7のデータ範囲に、3桁区切りのカンマを表示する［桁区切りスタイル］ボタンの表示形式を設定してあります。桁の多い数値を扱う場合、この設定は不可欠です。

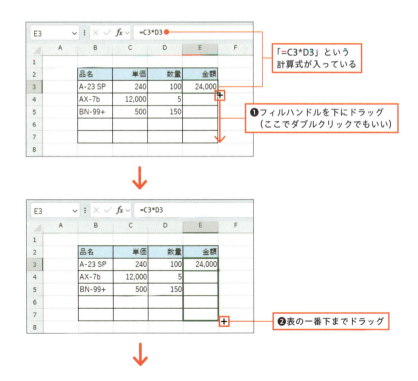

Chapter 09. Excelの基本操作を身につける！　321

Chapter 09.

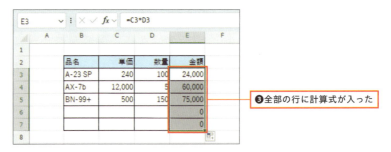

図 9-4-7　オートフィルで計算式をコピー

▍コピーすると計算式が変化？！

　前項の例で、最初にE3セルに入れた計算式は、「＝C3＊D3」です。それを下にコピーしたのですが、「＝C3＊D3」をそのまま下にコピーして、全部のセルに「＝C3＊D3」が入ったのでは、各行のデータを使った計算になりません。
　ここで、ひとつ便利な機能を紹介しましょう。［数式］リボンに切り替えて、右のほうを見てください。［数式の表示］という機能があります。これをクリックすると、セルに計算式が表示されます。計算式の状態を見たい場合、とても便利です。もう一度［数式の表示］をクリックすれば、通常の表示に戻ります。
　図9-4-8は、前項9-4-7の結果を、［数式の表示］状態で見ています。コピーされた計算式を見ると、1行目は「＝C3＊D3」ですが、2行目は「＝C4＊D4」、3行目は「＝C5＊D5」と、最初に入力したものから書き換えられています。
　もちろん意味もなく書き換えているのではなく、

＝C3＊D3　→　入力したE3セルから見て「＝2つ左のセル×1つ左のセル」

というように解釈して、この「＝2つ左のセル×1つ左のセル」という位置関係が保たれるように、セル指定を書き換えながらコピーしています。このような機能があるので、計算式をひとつ入れてコピー、という方法で計算表を作ることができるのです。
　このように、コピーしたときにセル指定が自動的に変化するようなセルの書き方を、「相対参照」と呼びます。

図 9-4-8　自動的に計算式が変化

コピーしても変化しない計算式

　図9-4-9は、前項の表を少し改造し、F列で各商品ごとの税額を計算しています。税率はF2セルに入っていて、この場合は10%というデータが、すべての行で使われることになります。
　こうした形の表では、これまでの通り

　　税額＝金額×税率　→　＝E5*F2

という計算式を入力してコピー、という形では作れません。試しに作ってみると、図9-4-9でやっているように、2行目以降が正しく計算できません。

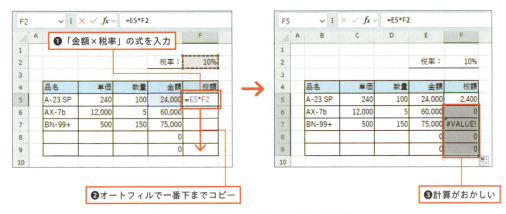

図 9-4-9　計算式がコピーできない計算

計算式がどのような状態になっているのか、前項で紹介した［数式の表示］の状態にしてみると、図9-4-10のようになっていました。問題は「税率」セル（F2）の部分で、入力した計算式は「=E5*F2」で問題ないのですが、ひとつ下にコピーしたセルでは「=E6*F3」、もうひとつ下だと「=E7*F4」というように、F2の部分が、F2→F3→F4…というように書き換えられています。F2は全行で共通して使うセルなので、コピーしたときに書き換えられては困るのです。

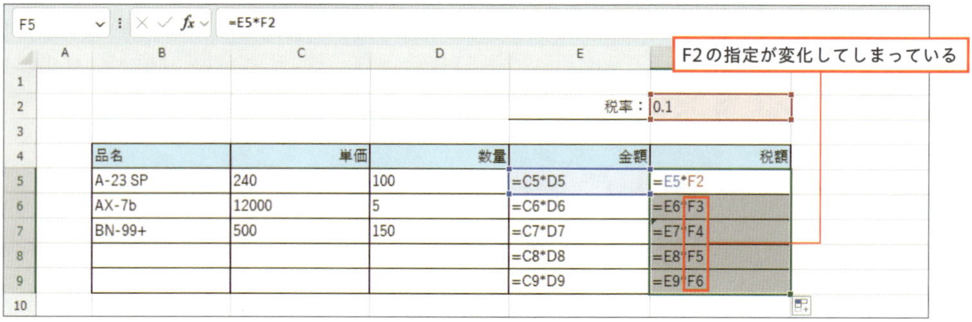

図9-4-10　相対参照

こうした場合、「コピーしても変化しないセルの書き方」を使います。「絶対参照」といって、「F2」のかわりに、「F2」といった書き方をします。このように列番号と行番号の各々に「$」マークを付けて書くと、図9-4-11のように、計算式をコピーしても変化しません。

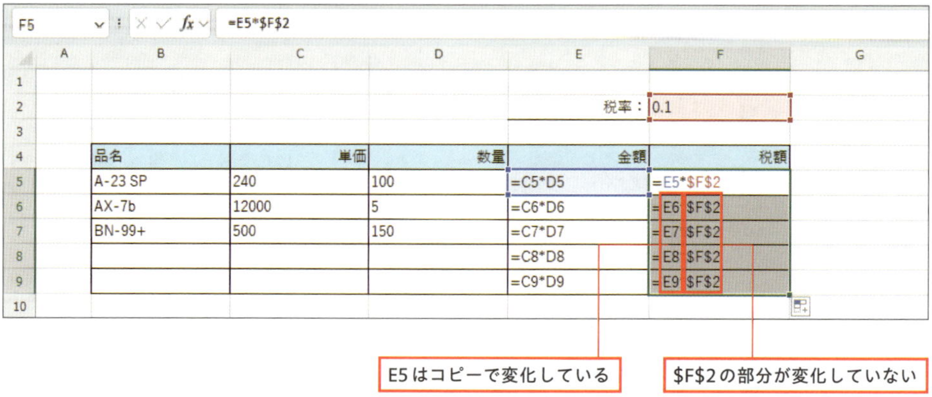

図9-4-11　絶対参照

324　5冊目　Excel入門

計算式中のセル指定を絶対参照形式にするためには、「=E5*F2」というように、自分で$マークを付けて計算式全体をキー入力しても構いません。
　あるいは、図9-3-11でやっているように、とりあえずセルをクリックするなどの方法で普通に「F2」を計算式中に表示させ、そこで F4 キーを押す、という方法もあります。計算式入力中に F4 キーを使うと、「F2→F2」というように、ワンタッチで$マークを付けることができます。

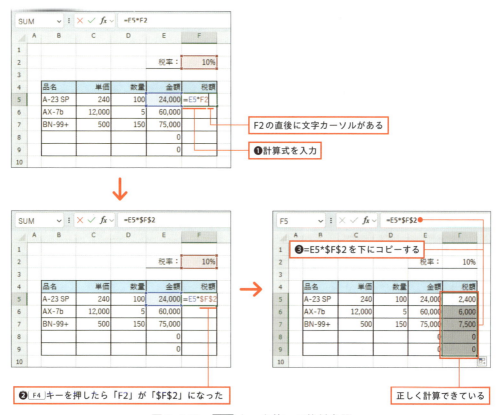

図9-4-12　 F4 キーを使って絶対参照

　なお、 F4 キーを使うと、1回押すごとに、「F2→F2→F$2→$F2→（F2に戻って繰り返し）」というように、$マークの付き方が変化していきます。F$2や$F2は「複合参照」といい、コピーする方向に応じて、相対参照として働いたり絶対参照として働いたりします。

Chapter 09.

計算しない「単純参照」の式

　図9-4-13は、Excelで作った請求書の明細部分です。明細表の合計としてE21セルに「193,536」と表示されていますが、あまり目立ちません。

　そこで図の例では、明細表上側のB14セルに「=E21」という数式を入力し、E21セルの内容をそのままB14セルに表示させています。そのうえで、B14セルの文字を大きくしたり、金額用の表示形式を設定するなどして、ひと目で請求額がわかるようにしています。

　ここで使っている「=E21」というのは、扱いとしては、先頭に＝が付いた計算式です。しかし式の内容はE21だけで、計算はしていません。こうした形の式をセルに入力すれば、他のセルの値を、そのまま**単純に参照**して表示することができます。参照先の値をそのまま表示するだけですが、表示しているのは別のセルですから、元のセルとは全く違う書式で表示させることもできるわけです。

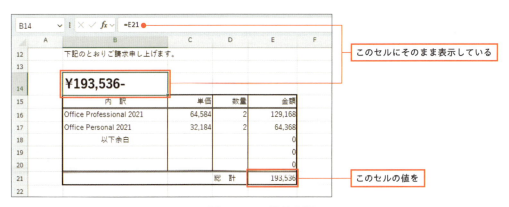

図 9-4-13　単純参照

POINT　他のシートのセルを参照する

ブック内に複数のシートがある場合、「=Sheet2!B31」などというように、セル指定の前にシート名を書いて「シート名！セル」という形にすれば、他のシートのセルを参照することもできます。

計算式なしでかんたん集計

　Excelには、計算式など全く使わずに、セルの値を集計する機能があります。

　そのためには、集計したいデータが入っているセル範囲を、普通に選択してください。そして画面右下を見ると、自動的に合計や平均が表示されています。

　この機能は昔からあるのですが、以前は表示された集計結果を見るだけで、まったく応用できませんでした。しかし最近のExcelでは、集計結果の数字をクリックすると「コピー」され、セルに貼り付けて使うだけでなく、Wordなど他のソフトに貼り付けて使うこともできます。集計結果の数値をマウスで指してみて、図9-4-14のように「…（クリップボードにコピー）」というメッセージが出れば、コピーできるということです。

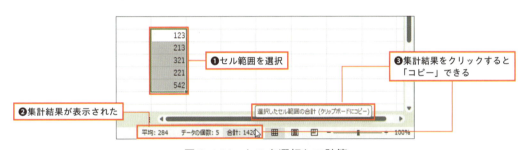

図 9-4-14　セルを選択して計算

　集計結果の部分を右クリックすると、図9-4-15のようなメニューが表示されます。このメニューで各項目をクリックすると、各々にチェックを付けたり消したりできます。チェックの付いている集計方法だけ、集計結果が表示されます。

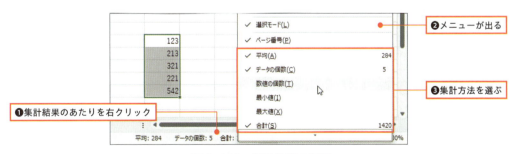

図 9-4-15　集計結果の活用

Chapter 09.　Excelの基本操作を身につける！　327

Chapter 09.

Excelの基本操作を身につける！

9-5 印刷と保存

用紙サイズや余白の設定

　Excelで作った表を印刷する場合、Wordなどのワープロと同様に、用紙のサイズや向き、余白などの設定が必要です。

　用紙のサイズを設定するためには、図9-5-1のように、［ページレイアウト］リボンの［サイズ］ボタンからリストを出します。表示される用紙リストは、接続されているプリンタによって多少違うことがあります。一般的なプリンタでは、A4サイズに印刷することが多いでしょう。

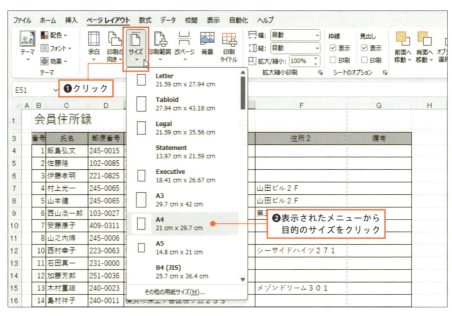

図 9-5-1　用紙サイズの設定

リボンで［サイズ］ボタンの隣にある［印刷の向き］が、用紙を縦に使うか横に使うかの設定です。ワープロで文書を作るような場合は縦に置くことが多いですが、Excelは主に表を作るソフトなので、表の横幅が用紙に収まるように、用紙を横置きで使うことも少なくありません。

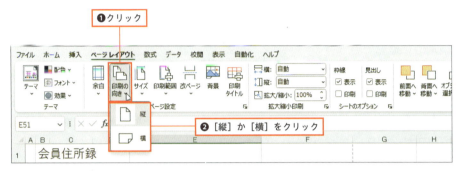

図 9-5-2　印刷の向きの設定

　余白の設定は、［余白］ボタンのリストから行います。通常は［標準］になっていますが、大きな表を用紙に収めたいといった場合、［狭い］を使うといいでしょう。
　なお、［狭い］で狭くなるのは左右の余白だけで、上下の余白は［標準］と同じです。もっと細かく上下左右の余白を調整したい場合は、余白リストの一番下にある［ユーザー設定の余白］を選んでください。詳細設定のパネルが表示されます。

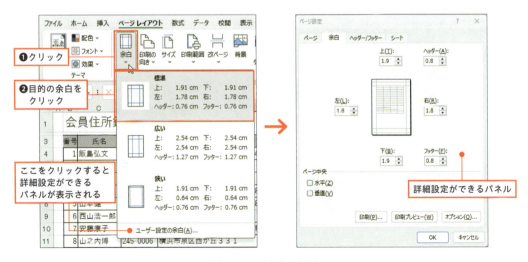

図 9-5-3　余白の設定

Chapter 09.

印刷画面で仕上がりをチェック

　印刷の機能は、リボンの［ファイル］をクリックし、表示された画面の左側で［印刷］をクリックします。

　図9-5-4のよう印刷画面になったところで、右側を見てください。ここに表示されているのが「印刷プレビュー」です。実際に紙に印刷しなくても、出来上がりの様子を画面で確認できます。

　図9-5-4の画面で、プレビュー左下の数字を見てください。1/2という表示になっていますが、2のほうが「総ページ数」、1のほうが「現在プレビューしているページ」です。ここが「1/2」になっているということは、総ページ数が2、つまり表が1枚に収まらず2ページになっている、ということです。

　プレビュー画面では、下側の「1/2」といった数字の両側にある［▶］をクリックすると、プレビューするページを切り替えられます。1ページ目に入りきらなかった1列だけが2ページ目になってしまってる、ということがわかります。

　図9-5-4のように1列だけ別ページというのは、実用上問題があります。こうした場合、とりあえず左右の余白を狭くしてみましょう。

　余白の調整は前項で解説したとおりですが、実は［印刷］の画面からも、余白の変更ができます。そのためには、左側にある［標準の余白］をクリックしてみてください。図9-5-5のように余白のメニューが表示され、リボンからと同様にして余白を変更できます。この例では、余白を［狭く］にしたことで、表全体が1ページに収まっています。

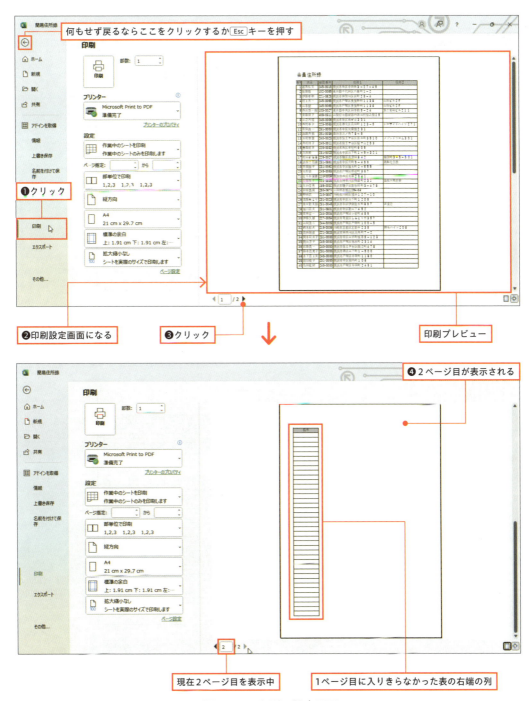

図 9-5-4　印刷の設定画面

Chapter 09.

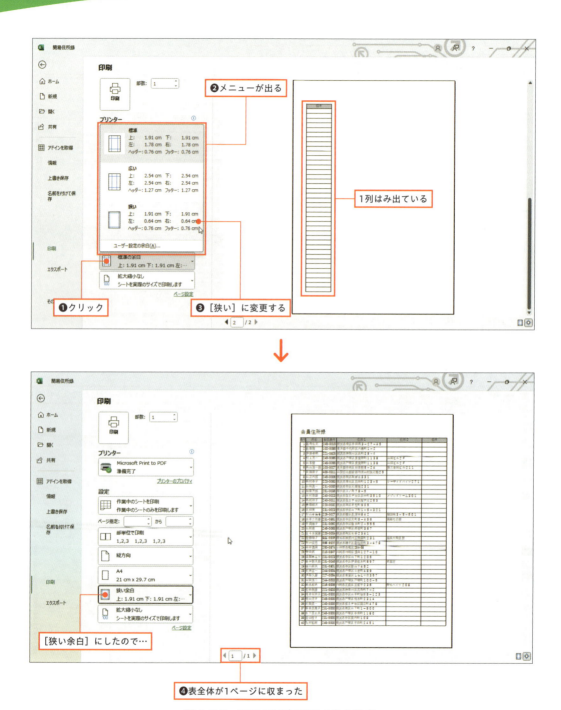

図 9-5-5　印刷の設定画面で余白設定

印刷対象の指定

　印刷画面でプレビュー左側の［設定］欄を見ると、前項で使った［余白］なども含め、いくつかの設定欄が並んでいます。

　この設定欄で一番上にある項目をクリックすると、図9-5-6のようなリストが表示されます。これは印刷対象の指定で、通常は［作業中のシートを印刷］になっています。つまり、現在使っているワークシートを印刷するということです。Excelはブック内で何枚ものワークシートを使えますが、作業中のシートでそのまま印刷すると、対象はシート1枚だけになります。ただし、複数のワークシートを選択状態にしておくと、選択したワークシートすべてが印刷対象になります。

　また、リストから［ブック全体を印刷］を選ぶと、特に選択しなくても、そのブックにあるワークシートすべてが印刷対象になります。

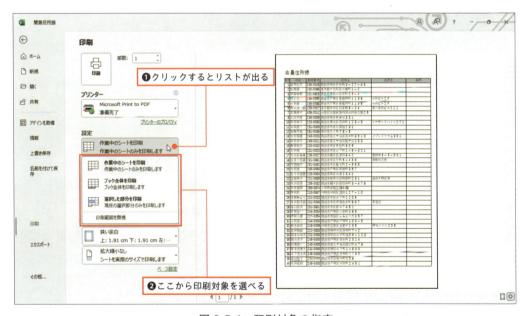

図 9-5-6　印刷対象の指定

　リスト3つ目の［選択した部分を印刷］の場合は、図9-5-7のように、先にワークシートで印刷したいセル範囲を選択しておきます。この選択範囲だけが印刷されるわけです。

同じような印刷を何度も行う場合、毎回印刷範囲を選択するのも手間がかかります。図9-5-7の上側でやっているように、[ページレイアウト] リボンの [印刷範囲の設定] を使うと、選択したおいた範囲を「印刷範囲」として記憶できます。こうして設定した印刷範囲の情報は、ブックと一緒に保存されます。

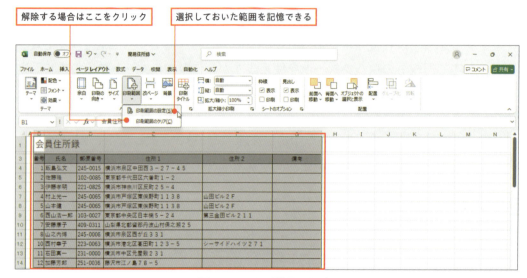

図 9-5-7　印刷範囲の設定

大きな表は縮小印刷

　図9-5-8の表は項目が多いため、横幅が広くなっています。このままでは、A4用紙（縦）には収まりません。大きな表を印刷する場合、縦方向が複数ページに分かれてしまうことは、どうしようもありません。どう調整しても、A4用紙に何百行も印刷できるわけがないのです。

> **POINT**
>
>
>
> **Excel が印刷する範囲**
> Excel のワークシートは、100 万行以上ある巨大なものです。特に範囲を指定せずにワークシートを印刷しようとした場合、100 万行も印刷するわけにはいきません。Excel では、印刷範囲の選択など特別な操作をしていない場合、ワークシート内の使用しているセル範囲すべてを印刷します。

実際に使ってみるとわかりますが、表の縦方向が複数ページになっていることは、それほど使いにくくありません。それよりも問題は、表の横方向が複数ページになってしまう場合です。これは、とても使いにくくなります。

　対処方法としては、余白を狭くしたり、用紙を横方向にしたりするのが基本です。それでも収まりきらない場合は、縮小印刷という方法もあります。10%縮小なら気になりませんし、最大20%〜30%程度までなら許容範囲だと思います。

　縮小印刷の方法はいろいろありますが、図9-5-8では、［ページレイアウト］リボンにある［拡大／縮小］欄を使っています。ここで%の数字を変えれば、縮小だけでなく拡大印刷もできます。数字を100%より大きくすれば拡大、100%より小さくすれば縮小です。

　なお、%の数値は、直接入力してもいいですし、右側の［▲］［▼］で増減させることもできます。

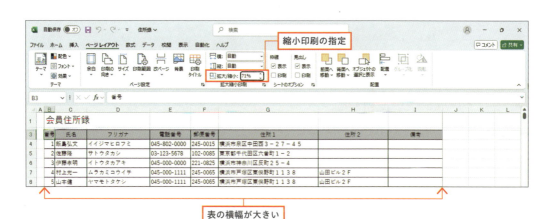

図 9-5-8　縮小印刷の設定

ページ数で指定して縮小

図9-5-8で［%］欄の上のほうに見えている［横］という欄で、右隣にある設定欄の［v］をクリックすると、「1ページ」「2ページ」…というリストが出ます。ここで［1ページ］を指定すれば、横方向を1ページに収まるように縮小します。必要な%を自動計算して設定してくれるので便利です。

名前を付けて保存は「場所」に注意

　新しく作ったブックを初めて保存するときは、必ず「**名前を付けて保存**」になります。この機能はリボンの［ファイル］からたどった先にもあるのですが、F12キーを使うとワンタッチで呼び出せます。WordやPowerPointなどとも共通のキー操作なので、覚えておくといいでしょう。

　F12キーで呼び出した［名前を付けて保存］の画面は、図9-5-9のようになっています。基本的には下側でファイル名を入力して保存するだけなのですが、その前に、どこに保存するかを指定する必要があります。

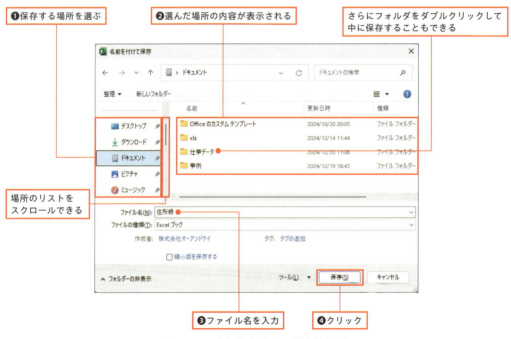

図 9-5-9　［名前を付けて保存］画面

　図9-5-9の左側に見えている保存場所は、すべて自分のパソコンの中です。しかしちょっとスクロールしてみると、図9-5-10や図9-5-11のように、保存場所がいろいろあるのがわかります。

図9-5-10に見えている［OneDrive］という保存場所は、マイクロソフトが無料で提供しているサービスで、インターネット上の保存場所です。ここを選んで保存した場合、データは自分のパソコン内には保存されません。

　インターネット上の保存場所は、他のパソコンやスマホなどからも使えるメリットがあります。しかしセキュリティの問題から、仕事のデータは保存禁止にしている会社もあります。仕事で使う場合は、使っていいか確認したほうがいいでしょう。

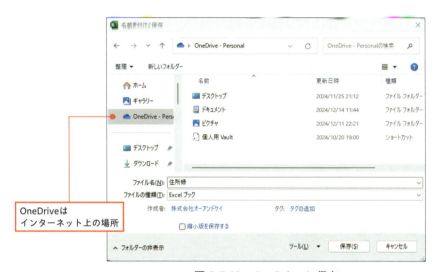

図 9-5-10　OneDrive に保存

　図9-5-11は、「場所」のリストを一番下までスクロールした状態です。左側が、大きく［PC］と［ネットワーク］という2つに分かれています。［PC］は自分が今使っているパソコンという意味で、たとえば自分のパソコンにUSBメモリを指すと、図9-5-11にあるように、リストの中にUSBメモリが出てきます。USBメモリに保存して持ち歩きたければ、ここでUSBメモリを選択して保存すればいいわけです。

　なお、図の例を見ると、USBメモリが2つ表示されています。（D:）という部分のアルファベットが同じなので、これらは同じものです。

　［PC］の下に［ネットワーク］という分類がありますが、この場合の［ネットワーク］というのは、インターネットのことではありません。社内のネットワークなど、いわゆるLAN（ローカルエリアネットワーク）を指しています。

パソコンがLANにつながっている場合、ネットワーク内で共有する保存場所などが設定されていれば、ここに表示されます。

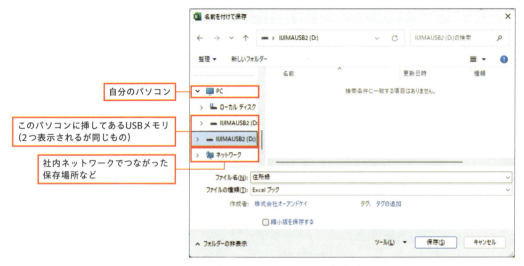

図 9-5-11　自分のパソコン以外の保存先

作業中はときどき「上書き保存」

Excelで作業しているとき、すべて完成してから保存するというのではなく、切りのいいところでときどき保存しておいたほうが安全です。いきなり停電したり、パソコンが誤動作して動かなくなることもあるからです。

新規作成して最初の保存は、前項のような「名前を付けて保存」になります。しかしその後は、「上書き保存」が使えます。同じ場所に同じ名前で保存するので、何も指定はありません。［上書き保存］のアイコンをクリックするだけで、ワンタッチ保存できます。

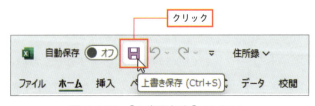

図 9-5-12　［上書き保存］アイコン

自動的に表示される保存メッセージ

　Excelを終了しようとしたとき、使用中のブックが未保存だったり、あるいは前回保存してから何らかの変更があった場合には、自動的に「保存しますか」という**メッセージ**が出ます。保存してから1文字書いただけでも未保存扱いになるので、必要がないとわかっていれば、［保存しない］で閉じてもかまいません。ただし、保存しないで終わったらすべて消えてしまうので、よく確認して下さい。

　こうした保存メッセージは、2種類あります。ひとつは上書き保存用で、すでに名前を付けて保存してあるブックの場合、図9-5-13のようになります。ここで［保存］をクリックすると上書き保存になるので、自動的に保存してExcelを閉じます。

図 9-5-13　上書き保存の場合のメッセージ

　まだ一度も保存していないブックの場合は、図9-5-14のようになります。ここではファイル名を入力し、保存場所を指定してから保存するようになります。保存場所は標準でOneDriveになっているので、そのまま保存するとインターネットに保存されます。

　図9-5-14で［場所を選択］の部分をクリックすると、最近使った保存場所のリストが表示されます。保存したい場所がそこにあれば、クリックして選択してください。保存したい場所がリストにない場合は、リストの下にある［その他の場所］をクリックすれば、通常の［名前を付けて保存］画面になります。

Chapter 09.

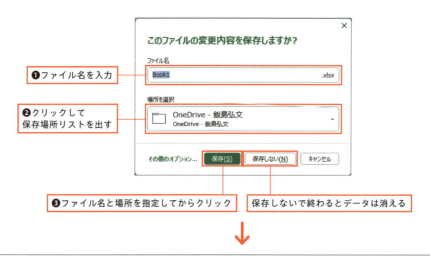

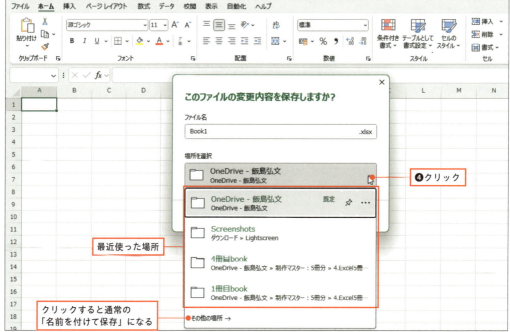

図 9-5-14　はじめて保存する場合のメッセージ

保存してあるブックを開く方法

　Excelを使っていて、保存してある他のExcelブックを開きたい場合は、まずリボンの［ファイル］をクリックしてください。図9-5-15のような画面になります。

　通常は、ここで左側の［開く］を使うのですが、この画面の下側には、最近使ったファイルが一覧になっています。使いたいファイルがそこにあれば、クリックするだけで開くことができます。リストが長い場合は、右側のスクロールバーでスクロールしてください。

　さらに、リストを下まで見ても使いたいブックがない場合は、リストの一番下で右側を見ると、［その他のブック］という表示があります。これをクリックすると、さらにさかのぼって長いリストを見ることができます。

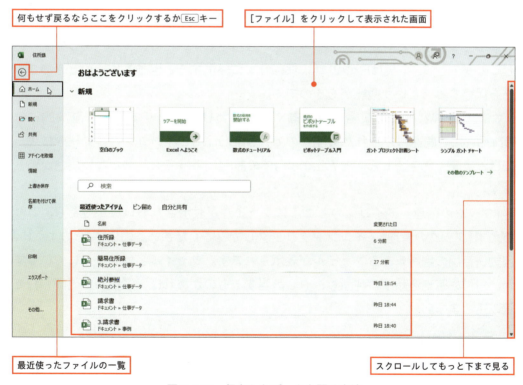

図 9-5-15　保存したブックを開く方法

Chapter 09.

覚えておきたい保存トラブルの対策機能

「うっかり保存しないで閉じてしまった」「パソコンが反応しなくなってリセットした」など、保存に関するトラブルはいろいろあります。基本的には「自分でときどき上書き保存」が安全な方法なのですが、それでもきちんと保存できないままExcelを終了してしまう、ということは起こりえます。

こうした場合、本来は保存していなかったものは消えてしまうのですが、Excelにはいくつかの保護機能が用意されています。絶対確実ではありませんが、保険として覚えておくといいでしょう。

もし保存していない状態でExcelを終了してしまったら、次にExcelを開いたときにリボンの［ファイル］をクリックし、画面左側で［情報］をクリックしてください。すると図9-5-16のような画面になるので、ここで左下にある［ブックの管理］という大きなアイコンを見てください。この例では「未保存の変更はありません」になっていますが、ここにファイル情報が表示されていたら、クリックして読み込むことができます。実はExcelには、保存せずに終了すると自動的にそのときのブックを保存する、という機能があるのです。

ただし、これはどんな場合でも働くというわけではありません。基本的にはOneDriveと関連付けられた機能なので、OneDriveとパソコンの連動状態によっては、うまく働きません。またExcel自体の設定によっても、働かない場合があります。

［ブックの管理］アイコンのところにファイルが表示されていなかったら、とりあえず［ブックの管理］アイコンをクリックしてみてください。図9-5-16のように、自動保存用の場所にあるファイルが表示されます。ファイル名はわかりにくいですが、日付や時刻を頼りに判断し、もし該当するものがあれば、選択して［開く］で読み込めます。

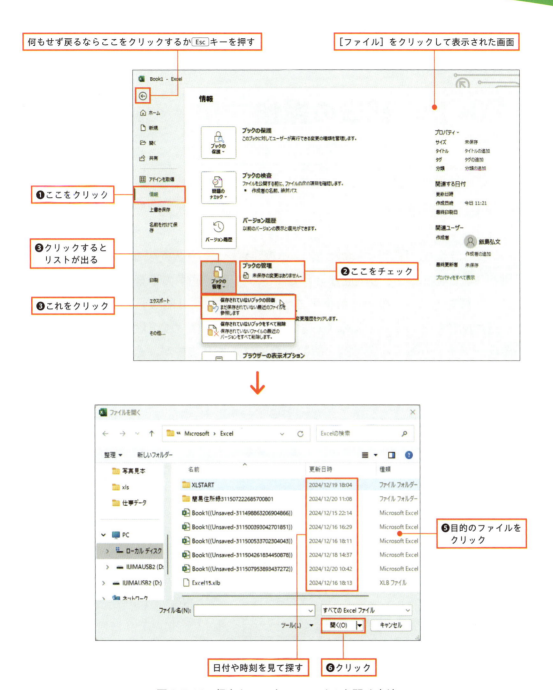

図 9-5-16　保存していないファイルを開く方法

Chapter 09. Excelの基本操作を身につける！　343

Chapter 10.

Excelの活用テクニックを身につける！

10-1 関数の操作

関数は難しい？

　Excelというと、「計算や関数が難しくて苦手」という人が少なくありません。

　確かに、Excelはとても高度な計算ができますが、通常の事務作業中心の使い方では、計算能力は小学校の算数程度で十分です。また、「**関数**」というのは数学でいう三角関数などのことではなく、計算を簡単にするためにExcelに組み込まれている機能です。もちろん数学的な関数もたくさんありますが、それらは技術計算や統計など、専門分野の人たちが使うものです。

　たとえば図10-1-1を見てください。7行しかない集計表で、合計を計算しています。合計は足し算ですから、図の例のように、

　　　=C3+C4+C5+C6+C7+C8+C9

というセルの足し算で計算できます。機能的には、この使い方で問題ありません。

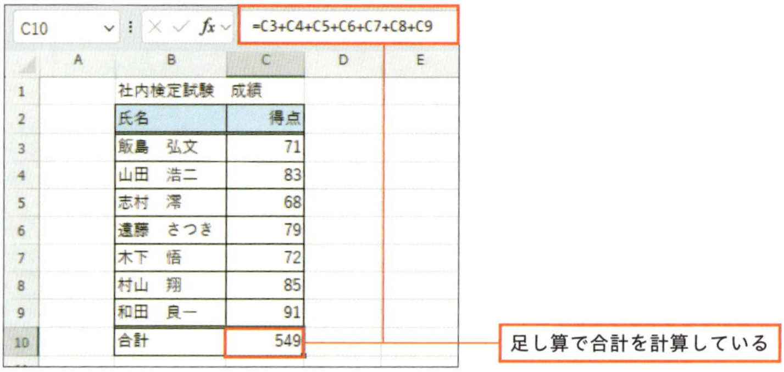

図 10-1-1　足し算で合計を計算

しかし、この例は7行だけだからいいのですが、たとえばこれが2000行ある表だったらどうでしょうか。2000個ものセルを足し算するのは、現実的ではありません。入力の手間が膨大ですし、計算式の長さも無制限ではないのです。
　というわけで、Excelには「足し算する」という計算機能が用意されています。それが「SUM（サム）」という関数で、

　　　=SUM(C3:C9)

というようにカッコ内でセル範囲を指定すれば、そこに含まれるセルを全部足し算してくれます。SUM関数というのは、「=C3+C4+C5+C6+C7+C8+C9」といった形の計算式をExcelに登録しておいて、SUMという名前で呼び出せるようにしたものなのです。
　このほかにも、金利計算の公式をExcelに組み込んで、金利や借入額など必要な情報を指定すれば返済額を計算してくれる、といった関数もあります。また、このセクションの最後で紹介している「IF（イフ）」関数のように、「条件に応じて2つのものを使い分ける」といった、計算とはちょっと違うタイプの関数もあります。いずれにしても、Excelの関数というのは、普段使うものに関しては、難しい数学というわけではないのです。

関数の基本形

　関数というのは、必ず次のような形をしています。関数名の後のかっこは不可欠で、一部の関数はカッコ内に何も書きませんが、それでもかっこを省略することはできません。

　　　関数名（引数,引数,引数…）

　関数の中に書いてある「引数（ひきすう）」というのは、関数のかっこの中に書くもののことです。関数によって、セル指定だったり数字の指定だったり、あるいは文字列だったり計算式だったり、いろいろです。またひとつの関数のかっこ内に

も、関数によって、引数がひとつだったり複数だったりします。

たとえばSUM関数の場合は、次項で解説しているように、

=SUM(B2:B15)

といった形で、引数としてセル範囲を指定するのが基本です。こうした関数の形（書式）をひとつひとつ覚えていくのが、関数の勉強です。

合計を計算するSUM関数

Excelでは基本中の基本ともいえる、SUM関数を使ってみましょう。関数を入力するいろいろな方法は351ページで紹介していますが、SUM関数はとてもよく使うので、リボンに専用のボタンが用意されています。

SUM関数のボタンは、［ホーム］リボンの右のほうにある、［オートSUM］というボタンです。このΣという記号の部分をクリックすれば、選択されているセルにSUM関数が入力されます。しかも、表に集計対象のデータが入っている場合は、自動的にSUMのかっこ内に、集計するセル範囲まで設定してくれます。

図10-1-2の例でいうと、

C10セルをクリック → ［オートSUM］ボタンをクリック → Enterキー

という操作だけで、集計用のSUM関数が入力できてしまうのです。

関数はSUMから練習！

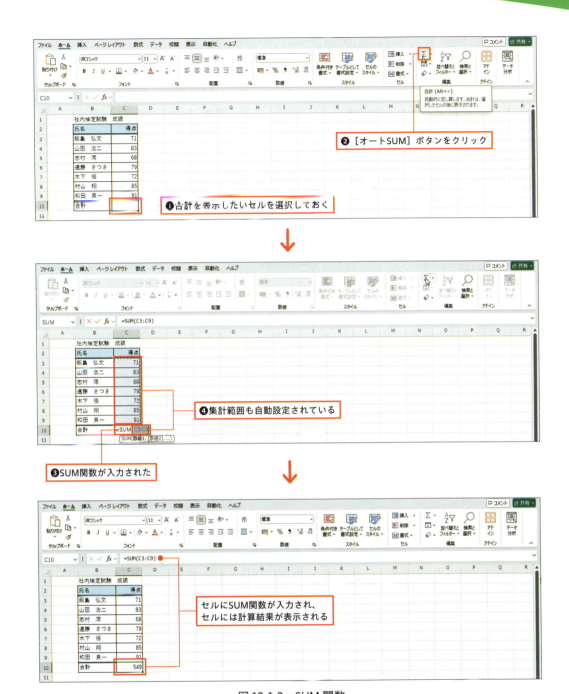

図 10-1-2　SUM 関数

Chapter 10.　Excelの活用テクニックを身につける！

Chapter 10.

自動設定される計算範囲についての注意点

前項でやったように、[オートSUM] ボタンでSUM関数を入力すると、自動的にセル範囲まで設定してくれます。ただし、こうして設定されるセル範囲は

**関数を入れたセルのひとつ上からスタートして
上に向かってセルを見ていく
数値以外のセルがあったらその手前で止まる**

というルールで選択されています。「数値以外のセル」というのは空白セルも含むので、途中に空白セルがあると、その手前で範囲選択が止まってしまいます。

なお、横方向の集計をするようなケースでは、「ひとつ左のセルから左に向かって」になります。

このように集計範囲が正しく設定されなかった場合は、図の例でやっているように、自分で正しいセル範囲をドラッグして設定してください。セルをドラッグする際は、必ずマウスポインタが ✚ の状態で、ドラッグを開始します。

図 10-1-3　SUM 関数の範囲設定

SUM関数と同じ使い方の集計関数

　リボンの［オートSUM］ボタン右側を見ると、［∨］という小さなボタンが付いています。これをクリックするとリストが表示され、そこから選ぶだけで次のような関数を入力できます。

合計	…	SUM（サム）関数
平均	…	AVERAGE（アベレージ）関数
数値の個数	…	COUNT（カウント）関数
最大値	…	MAX（マックス）関数
最小値	…	MIN（ミン／ミニマム）関数

　これらの関数の入力方法は、［オートSUM］ボタンでSUM関数を入力する場合と、全く同じです。関数を入れたいセルを選択しておいて、［∨］のリストから入力したい関数を選択してください。

　ただし図10-1-4の場合、合計の下に平均、その下に最高点というように並んでいるので、集計範囲の手直しが必要です。集計範囲を自動設定する機能が「ひとつ上のセルから」という働きのため、「平均」ならその上の「合計」まで含めてしまうのです。図の例のように集計範囲を自分でドラッグし、合計を範囲から外しておく必要があります。その下の「最高点」「最低点」なども同様です。

Chapter 10.　Excelの活用テクニックを身につける！　349

Chapter 10.

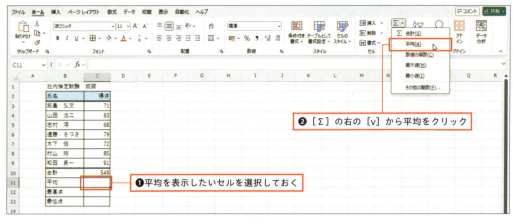

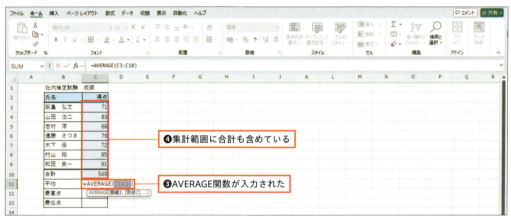

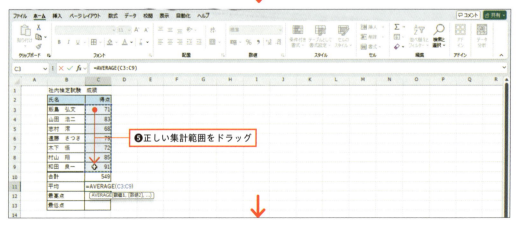

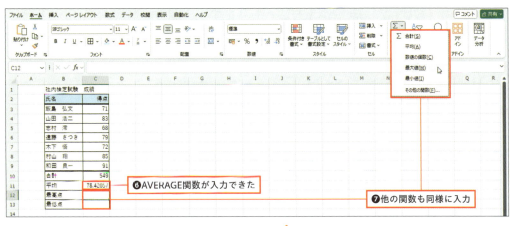

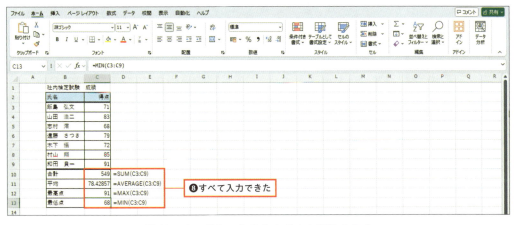

図 10-1-4　ボタンからさまざまな関数の入力

 関数の入力方法は大きく分けて3種類

関数の入力方法は、大まかに分けると、次の3種類があります。

① [Σ] ボタンから入力
② [fx] ボタンから入力
③ 直接入力

Chapter 10.

　リボンの［数式］バーから選ぶ方法もありますが、関数の選択をリボンで行うだけで、細かい設定は［fx］と同じになります。

　このうち［オートSUM］ボタンを使う方法は、前項でやった通りです。図10-1-5では、表の右側に表示欄を作り、そこに**COUNT関数**を入力しています。自動的に選択される範囲が異なるほかは、前項と同様です。

　なお、［数値の個数］というのがCOUNT関数ですが、名前のとおり、数値が入っているセルだけ、いくつあるか数えます。空白セルはもちろん、文字の入っているセルも無視します。

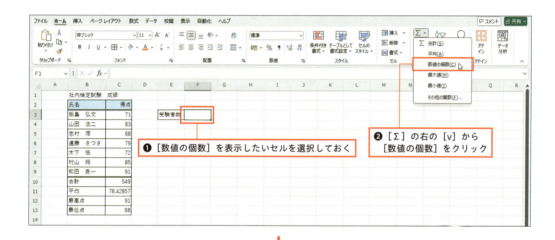

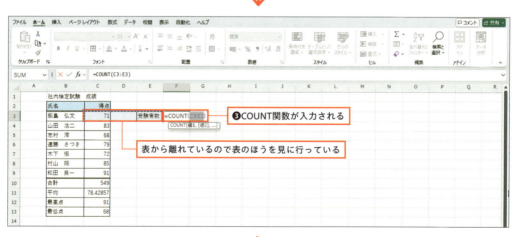

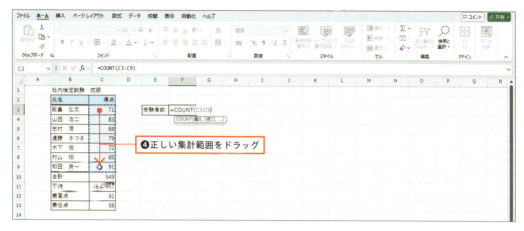

図 10-1-5　COUNT 関数

[fx]（関数の挿入）ボタンで関数を入力

　[fx]（関数の挿入）のボタンは、数式バーの左側にあります。これをクリックすると、まず関数を選択するパネルが選択され、次に関数のかっこの中（引数）を設定するパネルに進みます。[fx]を使った関数入力は、2枚の設定パネルを順番に使う形になるわけです。

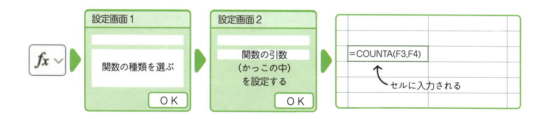

　実際の操作は、図10-1-6のとおりです。ここでは文字の入ったセルも数えられる、**COUNTA（カウント・エー）関数**を入力しています。この関数は［オートSUM］ボタンの中にはないので、[fx]を使うか、直接入力しかありません。
　なお、ここでは数値の入ったセルを数えているので、実際の表ではCOUNT関数で問題ありません。

Chapter 10.

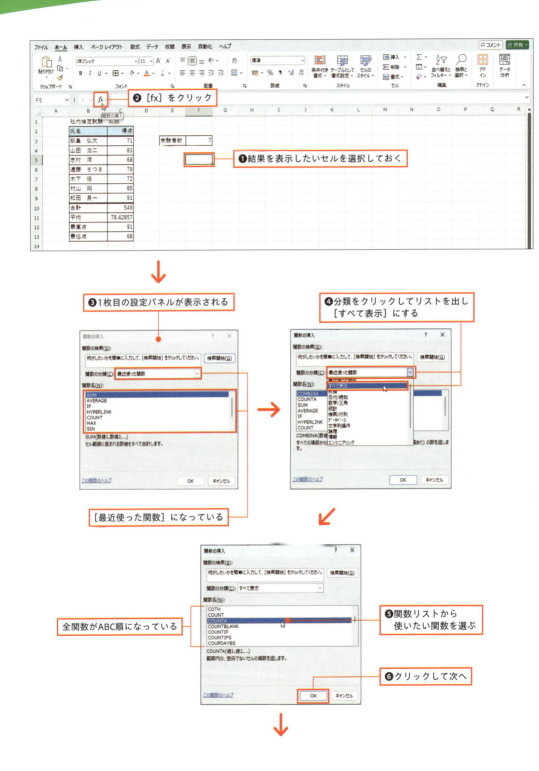

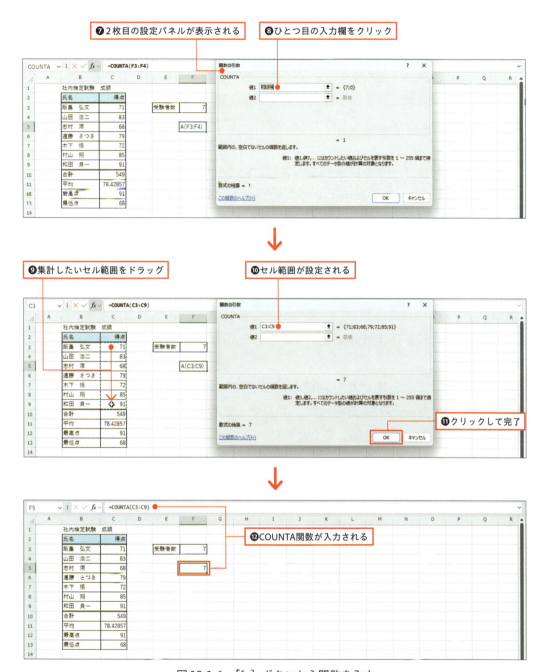

図10-1-6 [fx]ボタンから関数を入力

Chapter 10. Excelの活用テクニックを身につける！ 355

関数を直接入力

　前項と同じCOUNTA関数を、今度は**キーボードから直接入力**してみます。キー入力というと手間がかかるような気がしますが、途中まで入れるとリストが出てくるので、それほど面倒ではありません。慣れてくると［fx］よりはやく入力することも可能です。

　関数も数式なので、セルに入れるときは、必ず先頭に「＝」を付けます。図10-1-7の最初の画面は、セルに =C まで入力したところです。このように関数名の先頭を入力すると、その文字で始まる関数一覧が自動表示されます。使いたい関数があったら、マウスでダブルクリックして選択してください。

　この場合、Cで始まる関数名はたくさんあるので、リストが長くなっています。スクロールして探してもいいのですが、もう少し関数名を入力してみましょう。

　図10-1-8の2つ目の画面は、 =COU まで自分で入力したところです。COUで始まる関数名に絞り込まれるので、リストの先頭にCOUNTやCOUNTAがあります。

　こうしたリストから使いたい関数を選ぶ場合、マウスならダブルクリックします。キーボードから選択する場合は、 ↑ ↓ キーで選択し、 Tab キーで決定します。 Enter キーではないので注意してください。

　こうしてセルに入力できたら、あとはカッコ内の設定です。この場合は集計関数ですから、集計したいセル範囲をドラッグします。

　図の例では、数値ではなく文字の部分（B3:B9）を集計範囲に指定しています。COUNTA関数は「文字または数値」のセルを数えるので、前項のように数値のセル範囲を指定しても使えますし、この例のように文字の入ったセル範囲でも数えられます。

　関数のかっこ内を設定できたら、最後に) をキー入力し、関数のかっこを閉じてください。省略してもExcelがかっこを付けてくれますが、式が複雑になると、うまく判断できなくてエラーになることがあります。つまらないエラーやミスを避けるために、必ず自分でかっこを閉じる習慣を付けましょう。

　関数のかっこを閉じたら、最後に Enter キーでセルに入力して完了です。

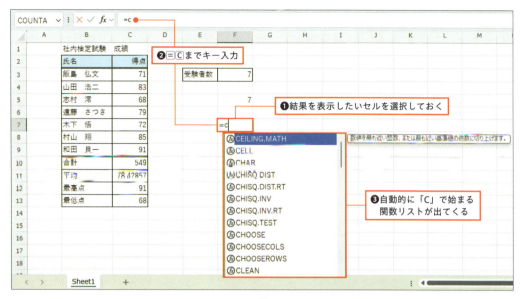

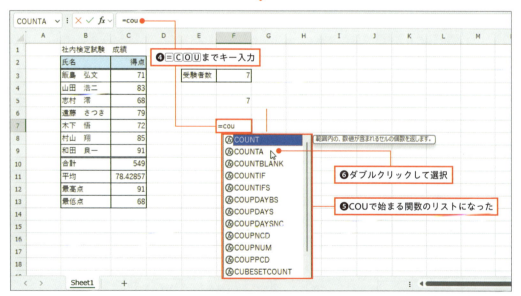

Chapter 10. Excelの活用テクニックを身につける！　357

Chapter 10.

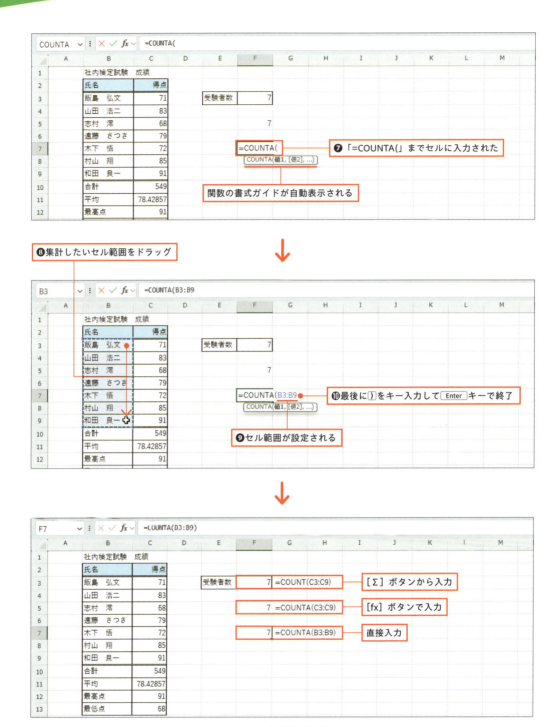

図 10-1-7　関数を直接入力

集計関数の便利な入力法

　図10-1-8を見てください。表の下側と右側に、それぞれ縦横の合計欄があります。こうした表に合計欄を作る場合、通常なら、［オートSUM］ボタンでSUM関数を入れてコピーという形になります。

　しかし、もっと簡単な方法があります。図10-1-8の最初の画面でやっているように、「データ範囲とその外側の空白セル」という形で範囲を選択し、［オートSUM］ボタンをクリックしてみてください。それ以上の範囲選択も Enter キーさえ不要で、本当に［オートSUM］ボタンのワンタッチだけで縦横のSUM関数が入ります。

　この方法は、縦横同時だけでなく、C4:E8を選択して縦の合計だけ、C4:F7を選択して横の合計だけ、といった使い方もできます。

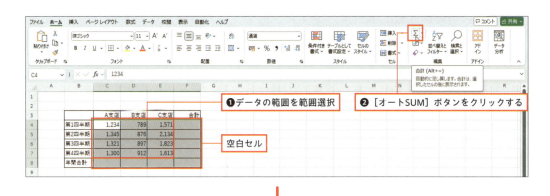

Chapter 10.　Excelの活用テクニックを身につける！　359

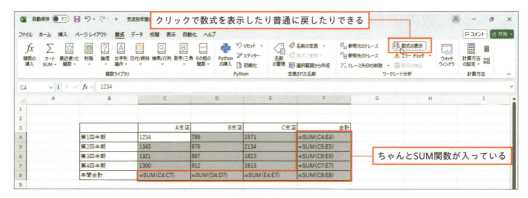

図10-1-8　集計関数の便利な入力

上級の入り口はIF関数

　ここで紹介する**IF**（**イフ**）という**関数**は、基礎というよりも、応用レベルの関数です。関数自体は比較的単純なのですが、他の関数や計算式などと組み合わせて使うことにより、驚くほど広い応用範囲やテクニックがあります。ここでは、基本的な使い方誰紹介しておきます。

　IF関数の書式は、次のとおりです。引数は3つで、最初の引数として書いた条件式によって、条件が成立していたら2つ目の引数を使う、条件が成立していなかったら3つ目の引数を使うというように、2つのデータを使い分ける働きを持っています。

IF（条件式,成立時に使うもの,不成立時に使うもの）

　この関数のポイントは、条件式の部分です。ここは何か2つのものを比較する形で書くのが基本で、次のような比較記号を使います。

比較記号	意味
>	より大きい
>=	以上
<=	以下

比較記号	意味
<	より小さい（未満）
=	等しい
<>	等しくない

実際に使い方で一番多いのは、

　　IF(A1>=50, … A1 セルの値が50以上なら

といった形で、セルと数値をを比較する書き方です。セル内容が文字の場合は、大小の比較ができないので、

　　IF(A1="合格", … A1 セルの内容が「合格」という文字だったら

というように、一致するかどうかを条件に使います。

　なお、文字列を式の中で使う場合は、必ず半角の""で挟んでください。これを忘れるとエラーになります。

　条件が成立した場合／しなかった場合に使うものは、

　　数値データ、文字データ、セル指定、計算式

など、いろいろなものが使えます。たとえば文字を使い、

　　IF(A1>=60,"合格","不合格") … A1 セルの値が60以上なら「合格」、
　　　　　　　　　　　　　　　　そうでなければ「不合格」と表示する

といった式を作ることができます。あるいは、

　　IF(A1>=0,A1*B1,"") … A1 セルの値が0以上ならA1*B1 を計算する、
　　　　　　　　　　　　　そうでなければセルを空白にする

というように、「使うもの」に計算式を書いておくこともできます。

　なお、ここで「条件不成立の場合」に使っている""というのは、セルに何も表示しないというテクニックです。""をピッタリくっつけて書いておけば、長さゼロの文字列、要するに目に見えない文字データになります。

Chapter 10. Excelの活用テクニックを身につける！　361

Chapter 10.

IF関数の使用例は、図10-1-9を見てください。ここでは、

IF(C3>=80,"〇","×") … 得点が80以上なら〇、
そうでなければ×を表示

という式を入力して、下にコピーして使っています。

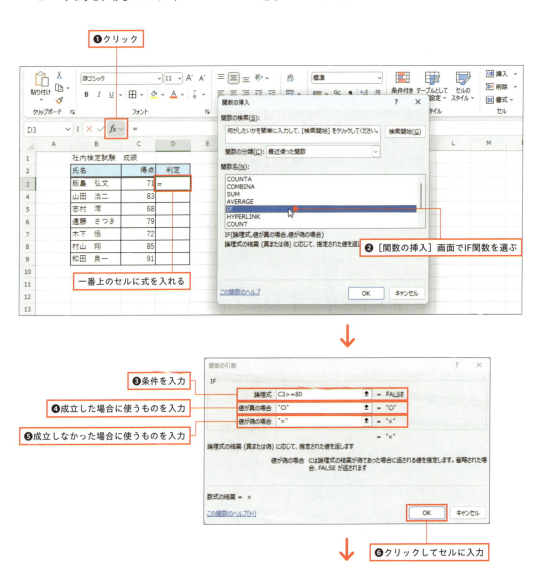

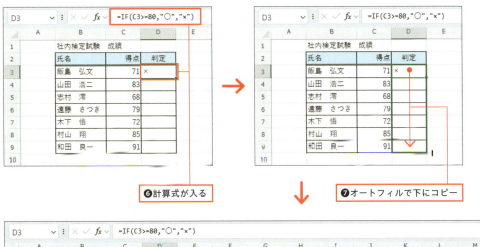

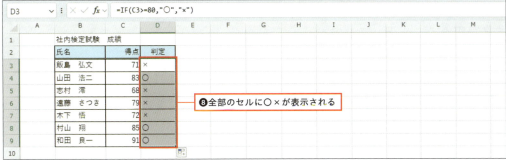

図 10-1-9　IF 関数

Excelの活用テクニックを身につける！

10-2 グラフの操作

円グラフの作成

　Excelでグラフを描くのは、とても簡単です。ここでは例として、使われる機会の多い円グラフを描いてみます。

　円グラフを描くためには、まず元になるデータのセル範囲を選択しておいて、[挿入] リボンからグラフの種類を選びます。

　以上でグラフが描かれるので、あとは描かれたグラフを見て、必要に応じて細部を仕上げていきます。このように

　　とりあえずグラフを描く　→　細部を仕上げる

というのが、Excelでグラフを描く手順です。

　グラフの端のほうをクリックして選択状態にすると、枠線と白い小さな丸が表示されます。また、グラフが選択状態になると、[グラフのデザイン] [書式] という、普段は表示されていない2つのリボンが表示されます。グラフの外をクリックすると選択が解除され、2つのグラフ用リボンも表示されなくなります。

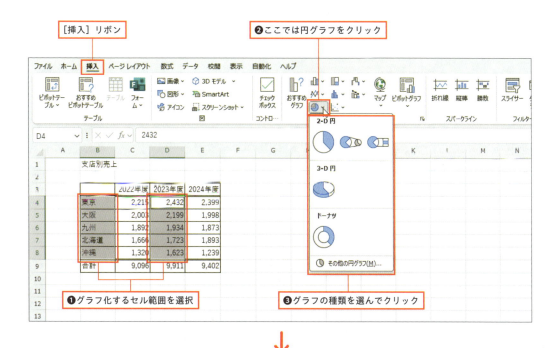

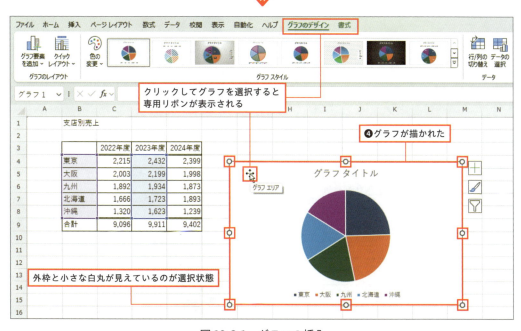

図 10-2-1　グラフの挿入

Chapter 10. Excelの活用テクニックを身につける！　365

Chapter 10.

グラフタイトルの変更

　元になる表の形や選択したセル範囲によっても異なりますが、たいていの場合、描いた直後のグラフのタイトルは、「**グラフタイトル**」になっています。

　グラフタイトルを修正するには、一度クリックして「グラフタイトル」という枠を選択状態にした後、あらためてタイトル枠の中をクリックします。それでタイトル枠内に文字カーソルが表示され、自由に書き換えることができます。タイトルを入力したら、タイトル枠の外をクリックして完了です。

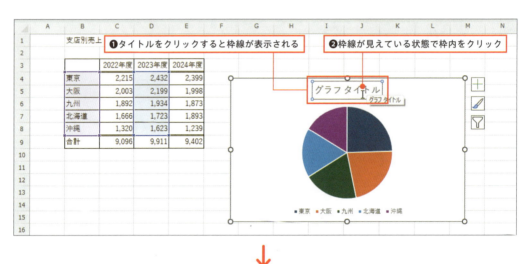

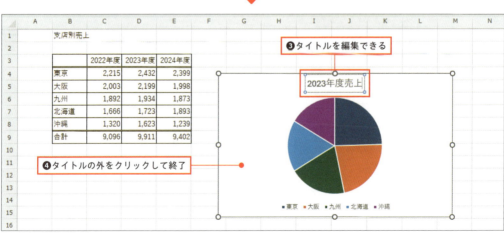

図 10-2-2　グラフタイトルの変更

凡例の位置の変更

　たいていのグラフは、色で塗り分けてデータを表現します。その際、「青色は東京支店」などというように、各色が何を表しているかの一覧が必要になります。そうした色の一覧を、グラフ用語では「凡例（はんれい）」と呼びます。

　Excelでグラフを描くと、たいていの場合、凡例も自動的に表示されます。不要なら消すこともできますし、位置を変えることもできます。

　凡例の設定を変えるためには、[グラフのデザイン] リボンで、左のほうにある [グラフ要素を追加] ボタンをクリックしてください。そうして表示されたリストに [凡例] があり、マウスで指してみると、[右] [下] など凡例の位置が指定できます。

　ここで [なし] にすれば、凡例を削除できます。再度表示させたい場合は、このメニューを出して、[右] などの表示位置を選んでください。

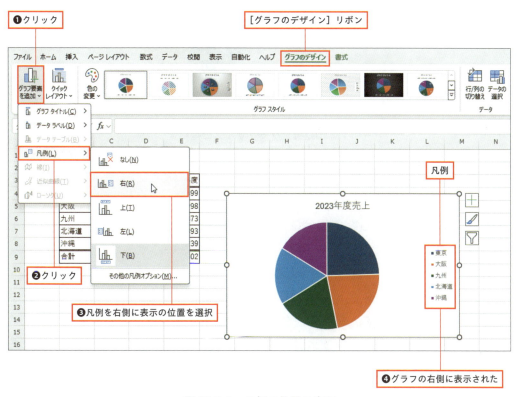

図 10-2-3　凡例の位置の変更

グラフのサイズ変更

　グラフのサイズ変更は、図形などと同様です。グラフが選択されている状態で、外枠にある小さな白い丸（ハンドル）を、マウスでドラッグしてください。

　図の例のように角の部分のハンドルをドラッグすれば、縦横のサイズを同時に変更できます。上下左右の中間にあるハンドルを使えば、縦横方向だけサイズ変更することもできます。

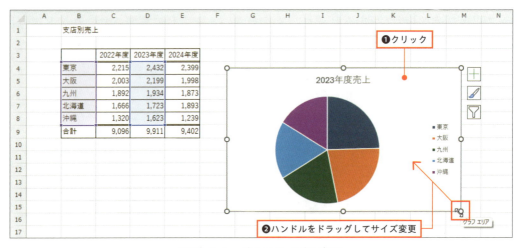

図 10-2-4　グラフサイズの変更

グラフの位置変更

　グラフの位置を変更したい場合は、グラフの端のほうでマウスポインタを動かし、「グラフエリア」と表示される場所を探してください。そこでドラッグすれば、グラフ全体が移動します。

　グラフというのは、タイトルや凡例、グラフを描いている図形など、いろいろな要素で成り立っています。たとえばグラフのタイトルをクリックして選択し、タイトルの枠線を狙ってドラッグすれば、タイトルだけ移動することもできます。「グラフエリア」というのは、「グラフ全体」という意味の表示です。

図 10-2-5　グラフの位置の移動

グラフの色の変更

　［グラフのデザイン］リボンにある［色の変更］を使うと、グラフの色を変えられます。この場合、個々の部分を指定して細かく色を変えるのではなく、全体の色使いをまとめて指定する形になります。

　［カラフル］というグループは、個々の要素を違う色で塗り分けます。［モノクロ］は全部同じ色で、色の濃さで塗り分けるようになっています。

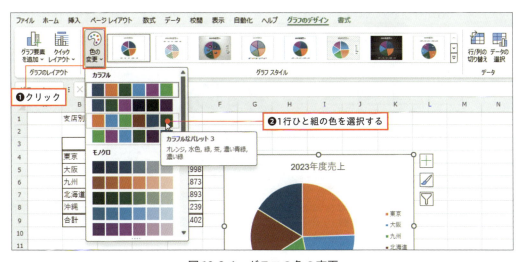

図 10-2-6　グラフの色の変更

グラフスタイルの変更

　[グラフのデザイン］リボンには、[スタイル］といって、あらかじめ作って登録されているグラフのデザインがあります。通常はリボンに8つくらい並んで見えていますが、スタイルが並んでいる右側の▽ボタンをクリックすれば、図10-2-7のようにすべてのスタイルを表示できます。どんなスタイルがいくつあるかは、グラフによって異なります。

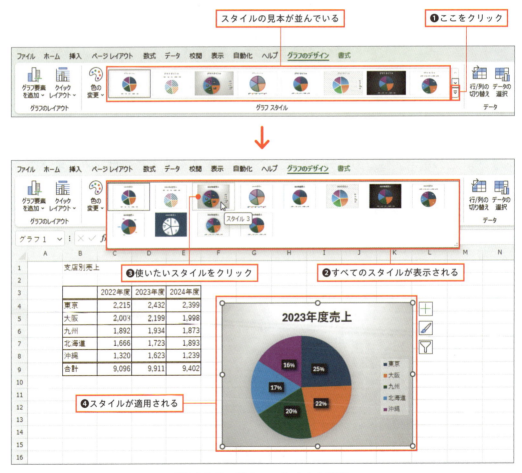

図10-2-7　グラフスタイルの変更

グラフシートに移動

　Excelでグラフを描くと、とりあえずワークシート上に配置されます。そこで位置やサイズを調整して配置すればいいわけですが、もうひとつの方法として、描いたグラフを独立したシートとして表示することもできます。通常使っている「ワークシート」に対して、「グラフシート」と呼びます。

　グラフを独立したグラフシートにするためには、グラフを選択した状態で、[グラフのデザイン]リボンの右側にある[グラフの移動]を使います。これをクリックすると図10-2-8のような小さいパネルが表示され、ここで[新しいシート]を選択して[OK]すれば、そのグラフが独立したシートで表示されます。この機能は「移動」ですから、ワークシートにあった元のグラフはなくなります。

　グラフシートの扱い方は、ワークシートと同様です。シート名の部分をクリックして表示するシートを切り替えたり、シート名の色を変えることもできます。シート名は、ワークシート同様に変更することもできますし、移動する際のパネルであらかじめ指定しておくこともできます。

　なお、グラフシートでグラフを選択し、[グラフの移動]を使って[オブジェクト]のほうを選択すれば、元のようなワークシート上のグラフに戻せます。

図10-2-8　グラフシートの作成

Chapter 10.

グラフの種類の変更

［グラフのデザイン］リボンにある［グラフの種類の変更］を使うと、グラフの種類を簡単に変更できます。これをクリックするとグラフの種類一覧が表示されるので、そこから選んでください。

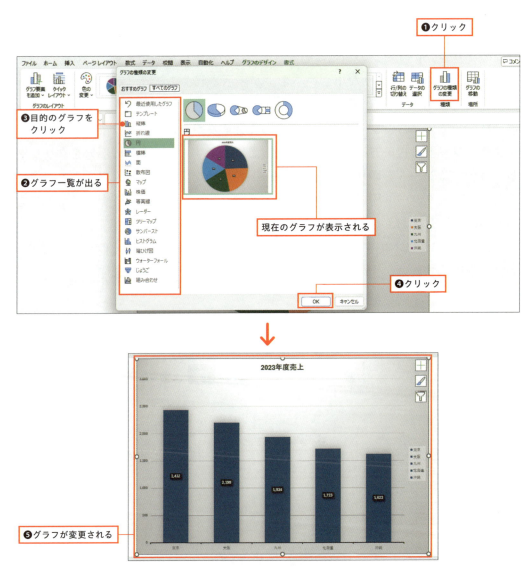

図10-2-9　グラフの種類の変更

折れ線グラフの作成

前項までの例は円グラフですが、今度は折れ線グラフを描いてみましょう。

円グラフはひと組のデータしかグラフ化できませんが、折れ線グラフや棒グラフは複数組のデータを一度にグラフ化できます。したがって図10-2-10の例では、合計を除く表全体を選択してグラフ化しています。

図10-2-10で描いた折れ線グラフを見ると、全体に右下がりでわかりにくくなっています。これについては、次項を参照してください。

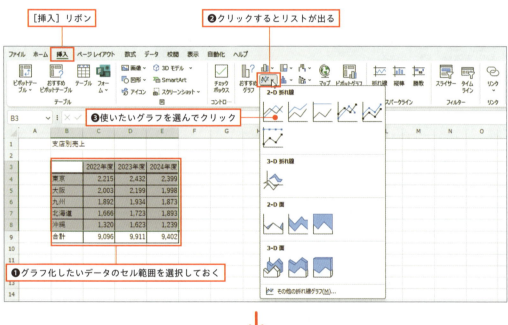

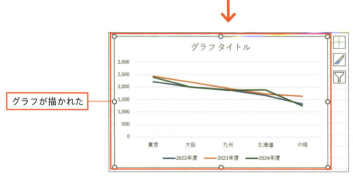

図 10-2-10　折れ線グラフの作成

縦横の入れ替えと「データ系列」

　前項で描いた折れ線グラフは、よく見ると、下側の見出しが支店名になっています。このようなデータで折れ線グラフを書く場合、「年によってどう変化したか」を見たい場合がほとんどなので、下側の見出しは年度にしたいところです。

　そのためには、[グラフのデザイン] リボンの右側にある、[行／列の切り替え] をクリックしてみてください。それだけで、図10-2-11のように、下側の見出しが年度に変わります。

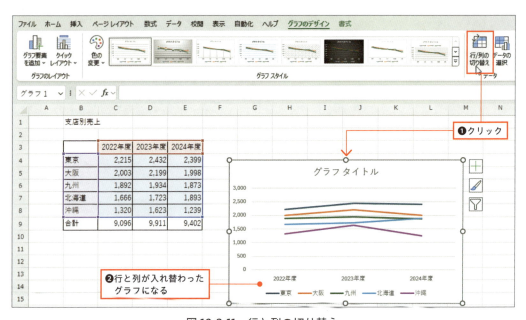

図10-2-11　行と列の切り替え

　元になったデータの表は、合計欄を除いて、データが5行3列あります。その範囲を選択して、グラフ化したわけです。

　このようなセル範囲をグラフ化する場合、図10-2-12のように、列をひと組にするか、行をひと組と考えるか、グループの分け方が2通りあります。どちらが正しいということではなく、選択肢が2つあるわけです。

　このようなデータの「組」を、グラフでは「データ系列」と呼びます。この場合は、列単位で考えれば3系列、行単位で考えれば5系列のデータということです。

図10-2-12　データ系列

前項の例では、グラフを描くときにExcelが「列ひと組」と判断したため、データが3系列ということで、折れ線グラフが3本描かれています。そして図10-2-11で［行／列の切り替え］をクリックしたことにより、「列ひと組」から「行ひと組」にグループ分けが変わり、東京・大阪・九州・北海道・沖縄という5系列のデータになりました。その結果、折れ線が5本になって、下側の表示も年度に変わったわけです。

細かい設定は作業ウィンドウ

前項までの内容で、基本的なグラフは作ることができます。それ以上細かい部分を設定して仕上げたければ、リボンに加えて、書式設定の作業ウィンドウを使う必要があります。

「**作業ウィンドウ**」というのは、図10-2-13の画面右側に見えている、「軸の書式設定」という見出しが付いたパネルです。同様な形の作業ウィンドウにはいろな種類があり、位置も左側だったり右側だったりします。

グラフの設定で使う作業ウィンドウは、「××の書式設定」という見出しのものです。「××」の部分に、「軸の」とか「グラフタイトルの」というように、設定している対象の名前が入ります。

書式設定の作業ウィンドウを呼び出す方法はいくつかありますが、ここではリボンからやっています。まず書式を設定したい対象、この場合はグラフの縦軸（左側の目盛）を選択します。ここを変更し、目盛りの一番下を、ゼロではなく1000に変更してみましょう。

Chapter 10.

　縦軸の数字をクリックして軸を選択したら、[書式] リボンの左端にある [選択対象の書式設定] をクリックしてください。それだけで、図のように [軸の書式設定] という作業ウィンドウが表示されます。

　ここでは縦軸を選択しておいたので、[軸の書式設定] になっています。同様に、たとえばグラフのタイトルを選択しておいて作業ウィンドウを呼び出せば、[グラフタイトルの書式設定] という形で出てきます。当然、作業ウィンドウの内容も異なります。

　この書式設定用作業ウィンドウは、一度表示したら、グラフ内で違う対象を選択するだけで、自動的にその対象の書式設定に変化します。右上の [×] ボタンで閉じることもできますが、グラフ作成中は表示したままにしておけば、対象をクリックするだけでその部分の書式設定ができるわけです。

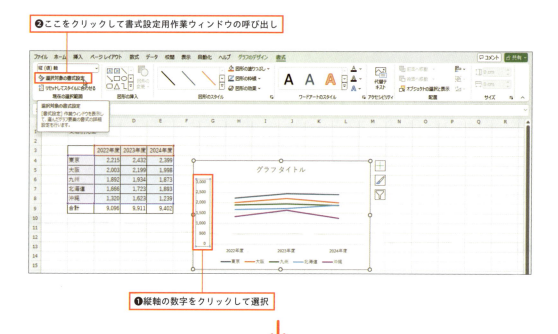

❷ここをクリックして書式設定用作業ウィンドウの呼び出し

❶縦軸の数字をクリックして選択

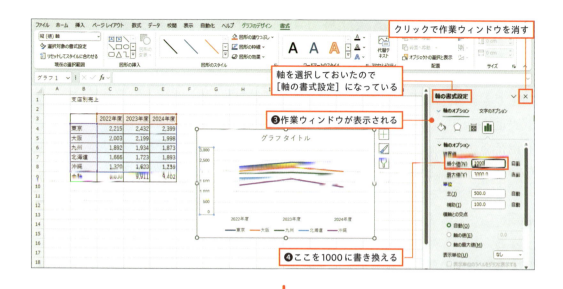

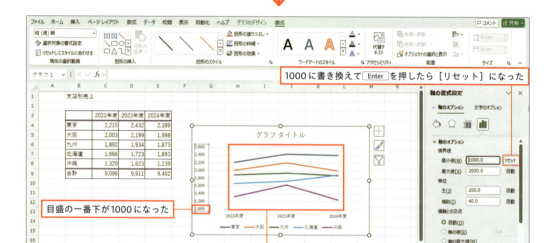

図10-2-13　作業ウィンドウで書式設定

　図10-2-13では、作業ウィンドウの［最小値］の欄で、もともと0だった数値を1000に書き換えています。こうした数値の設定欄は、数値を書き換えて Enter キーを押すと、変更がグラフに反映されます。同時に、入力欄のすぐ右側に［リセット］と表示され、この項目が変更されていることがわかります。この［リセット］ボタンをクリックすると、この項目の数値が、最初に自動設定されたものに戻ります。

Chapter 10　Excelの活用テクニックを身につける！　377

Chapter 10.

画面にない要素の追加はリボンの［グラフ要素の追加］

　前項で紹介した書式設定の作業ウィンドウを使えば、グラフのほとんどの部分を設定できます。ただし、作業ウィンドウは「対象をクリックする」という操作で書式設定状態になるので、新しい要素を追加するためには使えません。

　現在グラフにない要素を追加するためには、［グラフのデザイン］リボンの左端にある［グラフ要素を追加］を使います。これをクリックするとリストが表示され、グラフに追加するいろいろな要素を選択できます。グラフに追加できれば、あとは必要に応じて書式設定の作業ウィンドウを使い、細かく設定すればいいわけです。

　なお、［グラフ要素を追加］のリストから、すでにグラフ内に存在する要素を選択すると、その要素の位置や種類を変えたり、［なし］を指定して削除することもできます。

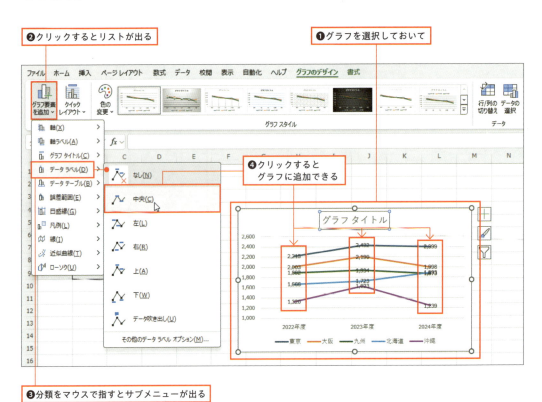

図 10-2-14　グラフの要素の追加

Excelの活用テクニックを身につける！

10-3 データベースの操作

「データベース」とは

　Excelの**データベース**というのは、基本的には「大きな表」です。より高度な使い方をする場合には、リレーションシップの設定といった複数の表を関連付ける機能もあるのですが、通常は大きなひとつの表に大量のデータが入力されているもの、と考えてください。

　ここでいう大きな表というのは、どんな形でもいい、というわけにはいきません。Excelに用意されたデータベースの機能を使うには、一定のルールに従って、表が作られている必要があります。

　データベース用の表を作るルールは、細かくいうといろいろ考えられるのですが、基本としては次のとおりです。

　　①表に隣接するセルはすべて空白にしておく
　　②表の1行目には各列の見出しを入力する
　　③ひとつの項目には同一種類のデータのみ入力する
　　④1件のデータは1行に入力する

　このうち①のルールは、意外と引っ掛かりやすいものです。たとえば図10-3-1を見てください。表の上にタイトルがあるのはよく見る形ですが、左の例ではタイトルが1行目にあり、2行目から表が始まっています。表に隣接するセルにタイトルの文字があるので、この作り方は①のルール違反です。

　同図右のように、空白行をひとつ挟めば問題ありません。図の例では2行目の高さを低くしていますが、もっと思い切り細くしても構いません。大きさではなく、

セルが空いていればいいのです。

　同様に、表の下側に注意書きなどを書いておくこともありますが、その場合も1行あけてください。

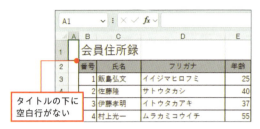 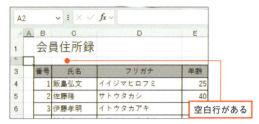

図10-3-1　データベースの周囲は空白行

　③のルールは、表を作るときというより、データを入力するときの注意事項です。たとえば試験の成績を入力している一覧表で、得点欄に「欠席」などと文字を書いてはいけません。得点欄は数値を入れる項目ですから、文字を入れてはいけないのです。何も入力せず、空白にしておくのは問題ありません。

　そのほか、必須ではないがやったほうがいい、という作り方もいくつかあります。

　たとえば②の見出し部分は、セルや文字の色を変えたり、太字にするなど、2行目以下のデータ用セルとは書式を変えておくといいでしょう。Excelが「ここは見出しだ」と判断しやすくなります。また、「1行目が見出し」なので、2行目からはデータの行です。「先頭2行が見出し」といった作り方は禁止です。

POINT

スペースに注意

Excelでは、スペースもひとつの文字として扱います。データを入力する際、特に注意してください。
たとえば「飯島弘文」は4文字ですが、「飯島　弘文」「飯島弘文　」はどちらも5文字なので、別の名前と判断されます。特に末尾にスペースが付いた場合、画面ではスペースが見えないため、「飯島弘文」と「飯島弘文　」は区別がつきません。画面では同じに見えても、Excelは違う名前と判断します。

データの並べ替え

「並べ替え」の機能を使うと、何千行もあるような大きな表でも、一瞬であいうえお順などに整列できます。

基本的な並べ替えは、とても簡単です。まず、並べ替えの条件にしたい列のセルをクリックしておきます。列見出しのセルでなくても、条件にしたい列の中なら、どのセルでも構いません。このように並べ替えの条件に使う列のことを、「キー列」「キー項目」などと呼びます。

キーを指定したら、次に［ホーム］リボンの右のほうにある［並べ替えとフィルター］をクリックし、表示されたリストから「昇順（しょうじゅん）」「降順（こうじゅん）」のどちらかを選んでください。それだけで、表全体が並べ替えられます。なお、並べ替えの機能は［データ］のリボンにもあります。

「昇順」「降順」というのは聞き慣れない言葉かもしれませんが、データの種類に応じて、表の上から下に向かって次のような順番になります。

データの種類	昇順	降順
数値	小→大（小さい順）	大→小（大きい順）
アルファベット	ＡＢＣ…	ＺＹＸ…（ＡＢＣの逆順）
ひらがな・カタカナ	あいうえ…	んをゑ…（あいうえおの逆順）
日付	古い→新しい	新しい→古い

なお、漢字はいろいろな読みがあるため、単純にあいうえお順とはできません。Excelでは、セルに記録されているフリガナの情報を使い、あいうえお順や逆順に並べ替えます。

Chapter 10.

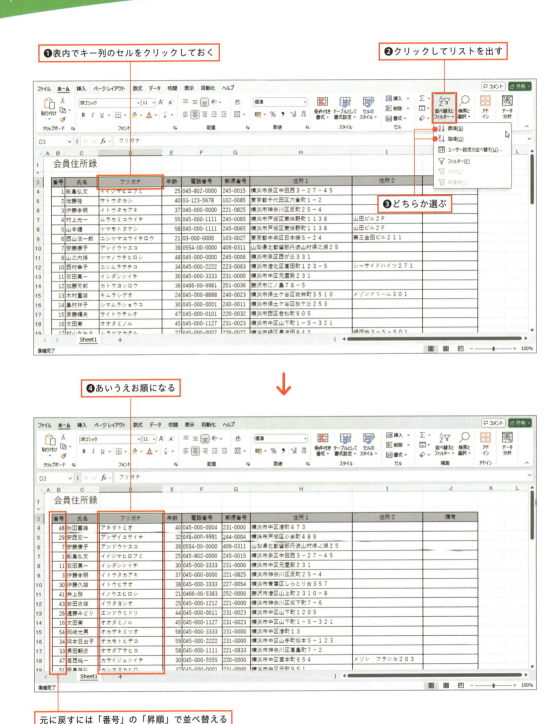

図 10-3-2　データベースの並べ替え

こうして表を並べ替えた場合、リセットして元に戻す機能はありません。あらかじめこの表のように一連番号の欄を作っておき、番号を昇順で並べ替えれば、元の順番に戻せます。

複数条件の並べ替え

　前項では、「フリガナ」とか「番号」といった、ひとつの列を条件（キー）にして並べ替えています。Excelでは並べ替えのキーとして、複数の項目を指定することもできます。
　たとえば2つのキーを使う場合、

　　　　ひとつ目のキーでグループ分けをする
　　　　　　　　　　　　↓
　　　　各グループ内を2つ目のキーで並べ替える

という、2段階の並べ替えになります。3つ以上のキーでも同様で、とにかく最後のキーだけが純粋な並べ替えになり、先行するキーは、すべてグループを作るための並べ替えをします。

ふりがな
Excelでは、セルに入力するときに使った日本語変換の「読み」を自動的に記録し、ふりがなとして表示します。［ホーム］リボンにある［ふりがなの表示／非表示］をクリックすれば、交互に表示／非表示が切り替わります。表示しなくても並べ替えはできます。
なお、特殊な読み方の氏名や地名などで、入力時に正しい読みで変換できなかった場合、誤ったふりがなが設定された状態になります。［ふりがなの表示／非表示］の右側にある［v］をクリックしてリストを出し、「ふりがなの編集」を選べば、ふりがなを設定しなおせます。
もうひとつ、他のウィンドウから漢字をコピーしてセルに入力した場合、日本語変換を使っていないので、ふりがな無しの状態になります。その場合も、［ふりがなの編集］でふりがなを設定できます。

実際の設定は、図10-3-3を見てください。2つ以上のキーを使う場合は、[ホーム]リボンの[並べ替えとフィルター]からリストを出し、[ユーザー設定の並べ替え]を選択します。そうして表示された設定画面で、上側にある[レベルの追加]をクリックすると、キーの数を増やして条件を設定できます。図の例では、まず同じ郵便番号をグループとして並べ替え（[最優先されるキー]）、同じ郵便番号のグループ内を、年齢の若い順に整列（[次に優先されるキー]）させています。

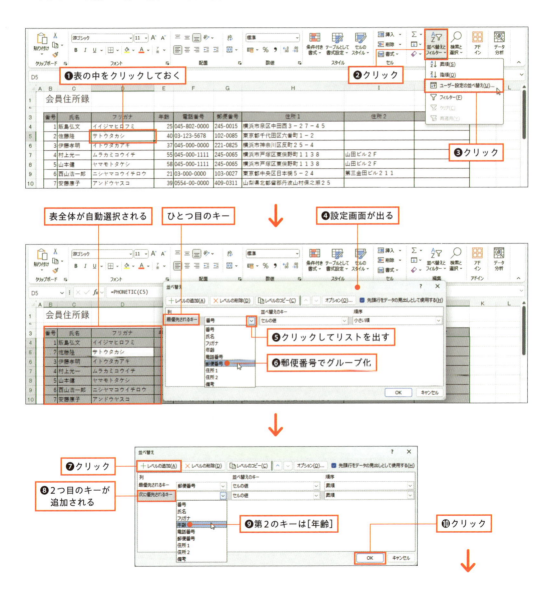

図 10-3-3　複数条件の並べ替え

フィルターモードの設定

　並べ替えと並んでよく使われるデータベース機能に、「フィルター」があります。これはいわゆる「データ抽出」の機能で、条件に合うデータだけ表示されるように絞り込む機能です。条件に合うデータを取り出すというより、条件に合わないデータはすべて隠して見えなくする、という働きをします。

　フィルター機能を使うためには、まず、データベースの表をクリックしておきます。表の中ならば、どのセルでも構いません。

　フィルターの機能は、［ホーム］リボンの右のほうにある［並べ替えとフィルター］をクリックし、表示されたリストから［フィルター］を選んでください。［データ］のリボンにも、まったく同じフィルター機能があります。

　フィルター機能を選択すると、表の1行目にある見出しのセルに、［▼］マークが表示されます。これがフィルターボタンで、これをクリックして出したリストから、いろいろな機能を使います。

Chapter 10.

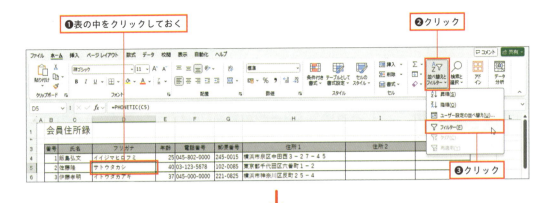

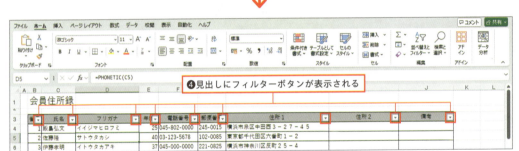

図 10-3-4　フィルターの設定

データの抽出

　前項のようにしてフィルター機能を有効にしたら、実際にフィルターを設定してみます。図の例は住所録ですから、「戸塚区」の人だけに絞り込んでみましょう。
　そのためには、条件に使いたい項目、この場合は「住所1」の▼をクリックします。するとリストが表示されますが、ここでいろいろなフィルター条件を設定できます。内容によっては一番下のチェック欄も便利ですが、ここでは「テキストフィルター」と書いてあるすぐ下の入力欄に、絞り込み条件である「戸塚区」を入力してみます。この欄は文字の条件に使うもので、「入力した文字列が含まれる」という条件で絞り込みます。
　条件の文字列を入力して［OK］をクリックすると、一覧表が戸塚区の人だけに絞り込まれます。この項目が条件に使われているという意味で、「住所1」の▼が▼にかわっています。

フィルターが働いている状態で左側の行番号を見ると、番号がとびとびになっています。フィルター機能というのは、条件に合わない行を非表示にして隠す、という機能なのです。

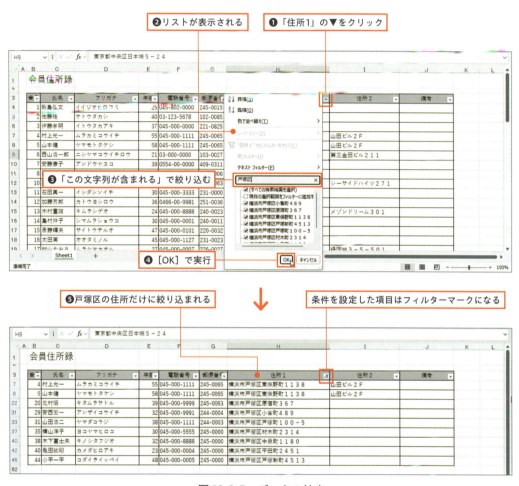

図10-3-5　データの抽出

こうして設定したフィルター条件は、もう一度フィルターボタンをクリックしてリストを出し、"××"からフィルターをクリア」で解除できます。

Chapter 10.

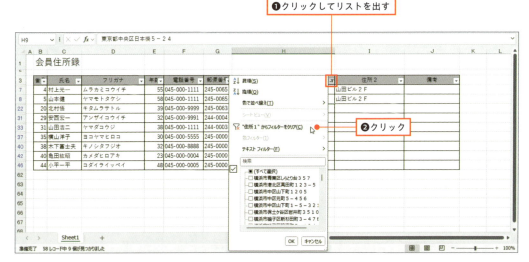

図 10-3-6　フィルターの解除

さらに条件を追加して絞り込み

　前項で「戸塚区」の人だけに絞り込みましたが、その絞り込みが働いている状態のまま、さらに別の項目にも条件を設定してみましょう。複数の項目にフィルターを設定した場合、それらすべてが同時に働くので、どんどん条件を追加して絞り込んでいくようになります。

　図10-3-7では、「年齢」の欄からフィルター機能を呼び出し、［数値フィルター］の［指定の範囲内］を使っています。

　なお、前項でやった住所は文字項目なので［テキストフィルター］、ここでは数値項目なので、同じ場所が［数値フィルター］になっています。もし日付の項目なら、この部分は［日付フィルター］になります。

　数値フィルターで［指定の範囲内］と指定すると、「××以上で〇〇以下」というように、2つの数値を指定するようになります。ここでは「30以上39以下」、つまり30代の人だけに絞り込んでいます。

　以上で、一覧表が30代の人だけに絞り込まれました。「戸塚区」というフィルタも働いたままなので、合わせて「戸塚区の30代の人」という絞り込みになっています。

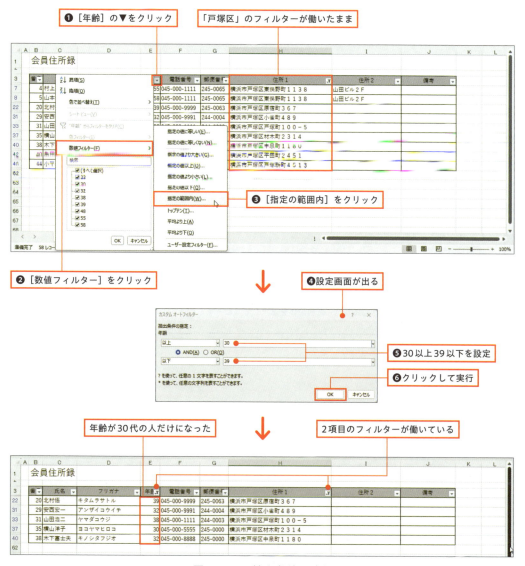

図10-3-7 抽出条件の追加

結果を別シートに抽出

　フィルター機能というのは、簡単にいうと、条件に合わない行を隠してしまう機能です。したがって、フィルターを解除すれば、すべてのデータを表示した状態に戻ります。

フィルターで絞り込んだ表をそのまま取っておきたい場合は、絞り込んだ状態の表を範囲選択してコピーし、他の場所に貼り付けてください。新しいシートを用意してそちらに貼り付けたほうが簡単です。貼り付ける際に［元の列幅を保持］というオプションを使うと、セル内容だけでなく列幅までコピーできるので便利です。

こうして絞り込んだ状態の表を別にコピーしておけば、元の表でフィルターを解除しても、取り出した表はそのままです。リンクしているわけではないので、独立した表として自由に使えます。

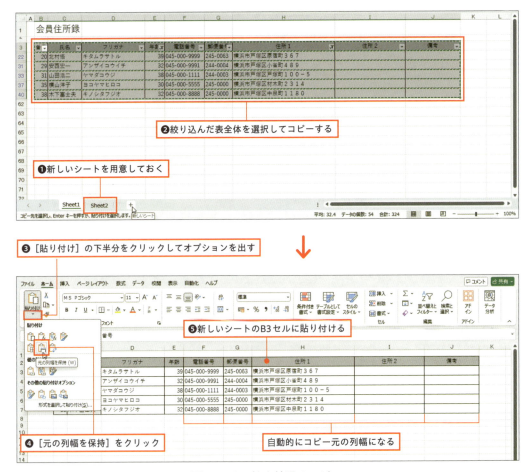

図10-3-8　抽出結果のコピー

すべてクリアとフィルターの終了

　個々の絞り込み条件は、387ページで紹介したように、各項目のフィルター機能からクリアできます。しかし複数の項目に条件を設定して絞り込んでいる場合、ひとつひとつ解除していくのも面倒です。

　そうした場合、［ホーム］リボンの［並べ替えとフィルター］をクリックし、リストから［クリア］を選ぶと、全部のフィルター条件をまとめて解除できます。

　フィルター機能を終了してもいいなら、わざわざクリアしなくても、そのまま［フィルター］をクリックしてください。

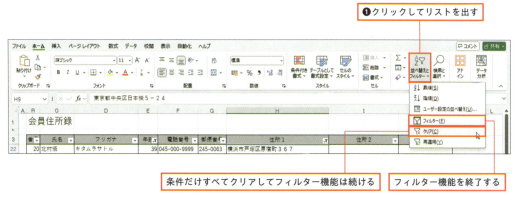

図10-3-9　フィルター条件をまとめて解除する

ピボットテーブルで超簡単分類集計

　ピボットテーブルというデータベース機能は、本来は高度なデータ分析のための機能です。しかしここでは、きわめて単純な分類集計機能として利用します。この使い方を知っていると、何千行もあるような膨大なデータでも、計算式など全く使わずに、ほんの数秒の操作で分類集計できます。

　図10-3-10は、担当者ごとの売上額を日付順に並べたものです。これをもとにして、担当者ごとに分類して集計し、図10-3-11のような集計結果を作ってみましょう。SUMIF関数などでこうした集計表を作れますが、関数がちょっと難しいですし、作る手間もかかります。ピボットテーブルなら、マウスの操作だけです。

Chapter 10.

	日付	担当者	売上金額
	2025/4/1	加藤	14,865
	2025/4/2	中山	12,124
	2025/4/2	加藤	14,675
	2025/4/3	斎藤	12,056
	2025/4/3	斎藤	12,201
	2025/4/4	木村	14,494
	2025/4/4	斎藤	12,707
	2025/4/4	山田	13,328
	2025/4/5	斎藤	11,840
	2025/4/6	斎藤	12,014
	2025/4/7	斎藤	12,337
	2025/4/7	加藤	10,686
	2025/4/7	木村	10,705
	2025/4/7	加藤	11,811
	2025/4/7	斎藤	13,183
	2025/4/8	中山	14,412

図 3-10-10　もとのデータ

担当者	売上
加藤	172,223
斎藤	171,498
山田	84,098
中山	127,055
木村	162,196
合計	717,070

図 3-10-11　担当者ごとに分類集計

　実際の操作手順は、図3-10-12のようになります。

　通常のピボットテーブルでは、最初の段階で、「新しいワークシート」にするのが一般的です。しかし、ここでは単純な集計表を1枚作って終わりなので、「既存のワークシート」にして、元の表の隣にピボットテーブルを作ります。その際、「場所」には範囲を指定するのではなく、出来上がる表の左上角に相当する1セルだけを指定してください。

　ピボットテーブルで分類集計表を作るポイントは、右側に表示される［ピボットテーブルのフィールド］という作業ウィンドウで、下側の［行］と［値］欄に項目を設定することです。ここで作ろうとしている図3-10-11の分類集計表を見ると、集計表の左に担当者名が並び、その右側に集計結果の数値が並んでいます。そのレイアウトに合わせて、一番下の［行］の欄に［担当者］、その右側の［値］欄に集計したいデータである［売上金額］をドラッグして入れます。それだけで、分類集計表の完成です。

　こうして表示された分類集計表は、計算式など全く使っていません。セルに文字や数値が入っているだけです。そのまま使ってもいいですし、元の表とリンクしているわけでもないので、他の場所にコピーして使うこともできます。

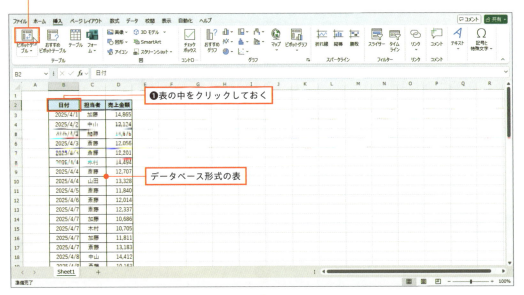

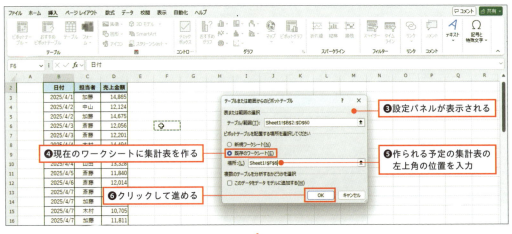

Chapter 10　Excelの活用テクニックを身につける！　393

Chapter 10.

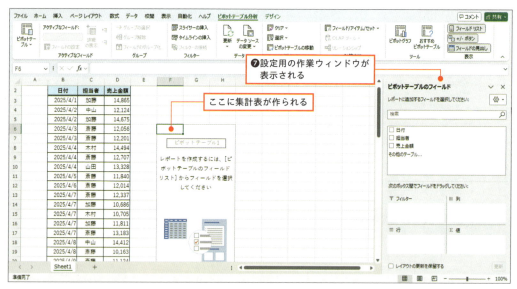

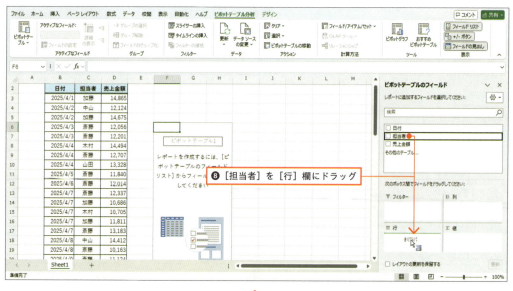

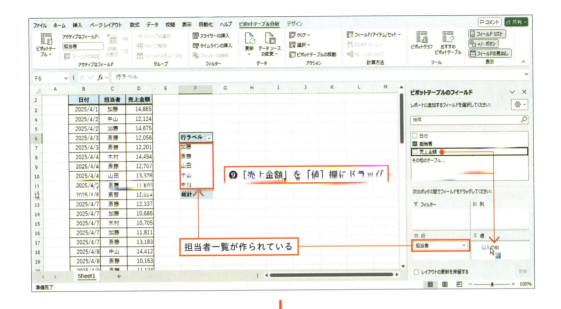

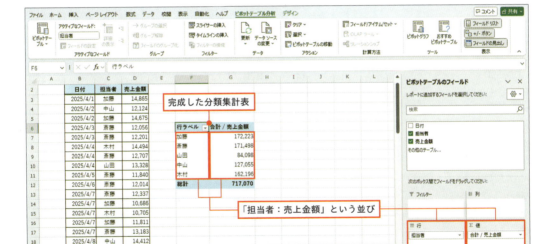

図 10-3-12　ピボットテーブル

索 引

英字

AVERAGE 関数	349
BCC	115
Bing	70
CC	115
CD/DVD 装置	14
Chrome	74
COUNT 関数	349
COUNTA	353
CPU	12
Edge	74
e-mail	93
Excel	274
FireFox	74
fx	353
Gmail	98
Google	70
HDD/SSD	14
HTML メール	117
http://	67
https://	67
IF	345,360
IME	48
MAX 関数	349
Meet	132
MIN 関数	349
OS	17
PIN コード	24
SmartArt	263
SNS	92
SUM 関数	345
Tab キー	210
Teams	132
URL	66
USB コネクタ	14
VPN	73
Wi-Fi	69
Wi-Fi の方式	14
Windows Update	22
Windows セキュリティ	72
Word	170
Yahoo!	70
ZOOM	132

あ

アーカイブ	121
アイコン	30
アカウント	25,134
悪意のあるプログラム	71
アクティブウィンドウ	32,33
アクティブセル	283
新しいシート	306
圧縮ファイル	128
アバター	150
アプリ	17
イマーシブモード	165
印刷	176,328
印刷対象	333
印刷プレビュー	330
インストール	136
インターネット	66
インターネットメール	93
インチ	14
インデントマーカー	214
ウィンドウ	32,31
Web 会議サービス	132
Web メール	97
上書き保存	178,338
エクスプローラー	42
応用ソフト	17
［オート SUM］ボタン	346
オートフィル	301
お気に入り	83
オンライン画像	253

か

改行	182

COUNT 関数	352
掛け算	317
重なり順	248
下線	188
かな入力	49
壁紙	30
関数	344
関数の挿入	353
キー	210
キー項目	381
ギガ	69
基本ソフト	16
行	229,278
行間隔	206
行の高さ	233,292
共有	159
共有フォルダ	41
挙手	145
均等割り付け	204
空白行	182
空白のブック	276
グラフエリア	368
グラフシート	371
グラフタイトル	366
グラフの種類の変更	372
グラフ要素を追加	378
クリック	18
蛍光ペン	216
計算式	314
罫線	238,299
検索ボックス	30
降順	381
Copilot	31
コピー	44,187,311
ごみ箱	30
コンピュータウイルス	71

さ

[最小化] ボタン	33
[最大化] ボタン	33
最優先されるキー	384

サインイン	25
作業ウィンドウ	375
参加者	140
シークレットウィンドウ	86
シート	278
シート見出し	309
シート名	308
字下げ	201
下書き	113
ZIP ファイル	128
絞り込み	386
絞り込み検索	81
斜体	188
縮小印刷	335
主催者	140
受信トレイ	99
昇順	381
ショートカットアイコン	30
書式	346
書体	267
署名	118
数式の表示	322
数式バー	286
数値	284
スクロール	18,77
スクロールバー	33,77
図形	242
図形の塗りつぶし	245
[スタート] ボタン	31
スタイル	258,267,370
ステータスバー	33
ストック画像	253
ストレージ	15
スナップレイアウト	37
スピーカーモード	165
スプレッドシート	90
スレッド表示	103
絶対参照	324
セル	229,278
セルのアドレス	280
全員をミュート	153

全角文字	48	テンキー	20
相対参照	322	電子メール	93
外付け	15	転送	106
ソリッドステートドライブ	14	頭語	199
		等幅フォント	208

た

ダイアログボックス	175	ドキュメント	90
退出	146	特殊キー	20
タイトルバー	33	［閉じる］ボタン	33
ダウンロード	111	ドメイン名	94,68
足し算	317	ドラッグ	18
タスクバー	30	取り消し線	188
タスクボタン（タスクアイコン）	31	トリミング	258

な

タッチタイプ	49	名前を付けて保存	177,336,338
タッチパッド	18	並び順	311
タブ	80	並べ替え	381
タブマーカー	211	「日本語変換」機能	48
ダブルクリック	18	塗りつぶし	237
タブレット型	10	塗りつぶしの色	297
タワー型	10	ノート型	10
段落	201,183		

は

チャット	157	バーチャル背景	150
中央処理装置	12	ハードディスクドライブ	14
中央揃え	194,293	背景画像	30
通知領域	31	白紙の文書	172
ツールバー	33	範囲選択	185
次に優先されるキー	384	半角文字	48
データ系列	374	ハンドル	243
データベース	379	凡例	367
テーマ	226	光通信	68
テーマの色	226	引き算	317
テーマの効果	226	引数	345
テーマのフォント	226	左インデント	214
テキストウィンドウ	264	左揃え	194,293
テキストボックス	251	ピボットテーブル	391
デスクトップ	25,27	表計算ソフト	274
デスクトップアイコン	30	表示形式	294
デスクトップ型	10	ファイアウォール	72
テストサイト	138	ファイル	38,30
テレビ会議	132		
展開	130		

ファンクションキー	20
フィルター	385
フィルハンドル	301
フォルダ	41,30
フォント	195
フォントサイズ	195,267
フォントの色	297
複合参照	325
ブック	279
ブックの管理	342
ブックマーク	83
太字	188
ブラウザ	74
フリー Wi-Fi	73
プレーンテキストメール	117
プロバイダ	68
プロポーショナルフォント	208
文節カーソル	61
ページ罫線	224
べき乗	317
変換	48
編集記号	181
返信	104
ホイール	18
方向キー	20
ホーム	88

ま

マウスカーソル	18
マウスポインタ	18,31
マップ	90
マルウエア	71
右クリック	18
右揃え	193,293
無線 LAN	69
無線ルーター	69
迷惑メール	127
メール	93
メールアドレス	94
メールサーバー	96
メッセージ	339

メニュー	33
メモ帳	52
メモリ	12
文字カーソル	173
文字列	284
文字列の折り返し	256,270

や

優先順位	318
用紙のサイズ	191
予測変換	54
余白	191
読み	48
読み込む	252

ら

ラインマーカー	216
ラベル	123
ランサムウエア	71
リアクション	154
リッチテキストメール	117
リボン	33,174,281
履歴	85
リンク	78
リンクアドレス	143
ルーラー	211
ルビ	221
レイアウト	269
レイアウトオプション	256,270
列	229,278
列幅	233
ローマ字入力	49
ログイン	25
録画	162
ロック画面	24

わ

ワークシート	278
ワードアート	218
ワーム	71
割り算	317

著者略歴

飯島弘文（いいじまひろふみ）

1956年山梨県生まれ。1982年に日本で初めて「表計算ソフト」というものを紹介した「ビジカルク活用法」を執筆して以来、パソコン草創期から現在に至るまで、雑誌の連載や書籍の執筆など、執筆活動を続けてきた。本書「5冊分」シリーズをはじめ、昭和・平成・令和と3代にわたり、200冊に及ぶ著書がある。現在は、職業訓練校「トトモニ新宿校」にて、ビジネス系ITクラスの講師を務めている。

- ●カバー・本文デザイン　松崎徹郎（有限会社エレメネッツ）
- ●カバーイラスト　藤井アキヒト
- ●本文イラスト　イシカワジュンコ

この1冊で基本が身につく！
パソコンとWord&Excel
ーパソコン入門5冊分ー

2025年3月7日　初版　第1刷発行

著　者	飯島　弘文
発行者	片岡　巖
発行所	株式会社 技術評論社 東京都新宿区市谷左内町21-13
電話	03-3513-6150　販売促進部 03-3513-6166　書籍編集部
印刷・製本	株式会社シナノ

定価はカバーに表示してあります。
本書の一部または全部を著作権法の定める範囲を超え、無断で複写、複製、転載あるいはファイルに落とすことを禁じます。

造本には細心の注意を払っておりますが、万一、乱丁（ページの乱れ）や落丁（ページの抜け）がございましたら、小社販売促進部までお送りください。送料小社負担にてお取替えいたします。

©2025　飯島弘文

ISBN978-4-297-14758-7 C3055

お問い合わせについて

- ● 本書に関するご質問については、本書に記載されている内容に関するもののみとさせていただきます。本書の内容と関係のないご質問につきましては、一切お答えできませんので、ご了承ください。
- ● 本書に関するご質問は、FAXか書面にてお願いいたします。電話でのご質問にはお答えできません。
- ● 下記のWebサイトでも質問用フォームを用意しておりますので、ご利用ください。
- ● お送りいただいたご質問には、できる限り迅速にお答えできるよう努力いたしておりますが、場合によってはお答えするまでに時間がかかることがあります。また、回答の期日をご指定なさっても、ご希望にお応えできるとは限りません。
- ● ご質問の際に記載いただいた個人情報は、質問の返答以外には使用いたしません。また返答後は速やかに削除させていただきます。

お問い合わせ先

〒162-0846
東京都新宿区市谷左内町21-13
株式会社技術評論社　書籍編集部
「この1冊で基本が身につく！
　　パソコンとWord&Excel」係
FAX：03-3513-6183
Webサイト　https://gihyo.jp/book/2025/
　　　　　　978-4-297-14758-7

こちらからもアクセスできます。▶